华北平原地区滴灌条件下冬小麦水氮利用特征研究

秦京涛　吕谋超　范习超　著

U0253126

黄河水利出版社

·郑州·

内 容 提 要

华北平原地区普遍存在着过量灌水与施氮的问题,因此研究滴灌条件下华北平原地区冬小麦的水氮利用特征,对促进该地区农业可持续发展具有重要意义。作者针对华北平原地区施氮利用效率不高的问题,于2018—2021年开展田间试验,研究了滴灌条件下冬小麦生长季的土壤水分动态、作物耗水量、土壤氮素动态、作物生理生长指标、作物氮素代谢和吸收特征、作物产量和水氮利用效率,探索了滴灌条件下华北平原地区冬小麦水氮优化管理方案。

本书可供农业、水利、资源和环境领域的科技工作者及高等院校和科研院所师生参考使用。

图书在版编目(CIP)数据

华北平原地区滴灌条件下冬小麦水氮利用特征研究 /
秦京涛,吕谋超,范习超著.--郑州:黄河水利出版社,
2023.7

ISBN 978-7-5509-3660-7

Ⅰ.①华… Ⅱ.①秦… ②吕…③范…Ⅲ.①华北平原-冬小麦-土壤氮素-肥水管理-研究 Ⅳ.
①S512.106.2

中国国家版本馆 CIP 数据核字(2023)第 148817 号

策划编辑:岳晓娟　　电话:0371-66020903　　QQ:2250150882

责任编辑	岳晓娟	责任校对	王单飞
封面设计	张心怡	责任监制	常红昕

出版发行　黄河水利出版社

地址:河南省郑州市顺河路49号　邮政编码:450003

网址:www.yrcp.com　E-mail:hhslcbs@126.com

发行部电话:0371-66020550

承印单位　河南匠心印刷有限公司

开　　本　787 mm×1 092 mm　1/16

印　　张　10.5

字　　数　185千字

版次印次　2023年7月第1版　　　2023年7月第1次印刷

定　　价　69.00元

前　言

　　华北平原地区是我国冬小麦主产区之一，该地区的冬小麦产量占全国的比重较高，是我国重要的冬小麦生产基地，对保障国家粮食安全责任重大。同时，华北平原地区冬小麦种植也面临着水资源短缺、水氮利用效率不高的问题。

　　华北平原地区降水量在年内分配极不均匀，冬小麦季相对干旱少雨，降水量远不能满足冬小麦生长发育需求。灌溉是保障华北平原地区粮食产量的主要措施之一，但是当前该地区大多仍是采用传统的地面灌方式进行灌溉，对农业水资源管理方式比较粗放，大部分灌区的灌溉定额偏大，造成灌溉水利用系数较低、水资源大量浪费，进而导致华北平原地区的地下水资源日益枯竭，地下水位持续下降。这些影响造成了许多严重的环境和生态问题，迫使该地区必须采取有效措施不断地提高水资源利用率，实现水资源可持续利用，以此保障我国水安全、粮食安全和生态安全。因此，根据冬小麦需水耗水规律，进行科学合理地灌溉，补充土壤水分是十分必要的。

　　合理施用氮肥对于提高冬小麦产量和品质具有重要意义，然而当前华北平原地区冬小麦农田存在着氮肥使用不合理、氮肥利用效率低的问题。大部分农田长期过量施用氮肥，导致土壤中的氮素浓度过高，造成了土壤环境污染与氮肥资源浪费。同时，过量施用氮肥还会导致土壤酸化和板结等问题，影响土壤的生态环境。

　　滴灌灌水技术是一种能够高效利用水肥资源的灌溉技术，具有灌水均匀性高、适应性强、可精准控制的特点。灌水均匀性高、精准灌溉可以减少水分的蒸发和流失，节约用水量，降低灌溉成本。同时，通过滴灌水肥药一体化技术，滴灌系统可以将化肥和农药直接输送到根系附近，减少化肥和农药的使用量，降低对环境的污染，提高水肥药的利用效率。随着滴灌技术的发展，滴灌技术从材料生产成本到维护成本、管理成本、经营成本都在逐渐降低，目前已被越来越多地应用于许多大田作物，如小麦、玉米、马铃薯等，滴灌灌水器也越来越多样化、精密化，滴灌技术模式逐渐发展出了地下滴灌技术和膜下滴灌技术。

　　为提高华北平原地区冬小麦粮食产量和水肥资源利用效率，缓解水氮利用效率不高所造成的环境问题,研究该地区滴灌条件下冬小麦农田土壤系统中的水氮利用及作物生长产量状况,对当地水氮管理决策具有重要的参考价值。因此,本书将针对华北平原地区水氮利用效率不高的问题,探讨如何在稳定提高作物产量的基础上,提高区域水氮资源的利用效率,以期为当地水氮智慧管理决策提供可靠的理论与技术支撑。

由于作者水平有限,书中难免存在不足之处,恳请读者批评指正。

作　者

2023 年 5 月

目　录

主要符号对照表

英文缩写	英文全称	中文名称
A/N	ratio of ammonium nitrogen to nitrate nitrogen content	铵态氮与硝态氮含量的比值
AA	amino acid	氨基酸
AB	above-ground biomass	地上部分生物量
ANOVA	analysis of variance	方差分析
C_i	intercellular carbon dioxide concentration	胞间 CO_2 浓度
EAA	essential amino acid	必需氨基酸
ET	evapotranspiration	蒸发蒸腾量
ET_0	reference crop evapotranspiration	参考作物蒸发蒸腾量
GS	glutamine synthetase	谷氨酰胺合成酶
LAI	leaf area index	叶面积指数
NA	nitrogen assimilation	氮素吸收同化量
NAE	agronomic efficiency of applied nitrogen	氮肥农学利用效率
NEAA	nonessential amino acid	非必需氨基酸
NPE	physiological efficiency of applied nitrogen	氮素生理利用率
NPFP	partial factor productivity of applied nitrogen	氮肥偏生产力
NR	nitrate reductase	硝酸还原酶
NT	nitrogen translocation	氮素转运量
PAR	photosynthetically active radiation	光合有效辐射
P_n	net photosynthetic rate	净光合速率
S_c	stomatal conductance	气孔导度
SPAD	soil and plant analyzer development	叶绿素相对含量
SPS	sucrose phosphate synthase	蔗糖磷酸合酶
T_r	transpiration rate	蒸腾速率
WUE	water use efficiency	水分利用效率

第 1 章 绪 论

1.1 研究背景与意义

我国是世界第一人口大国,第七次全国人口普查数据表明,我国人口达14.1亿人。我国也是农业大国,但人均占有耕地资源少,以占世界7%的耕地养活全球22%的人口,保障粮食安全是我国的永恒课题。《中共中央 国务院关于做好2022年全面推进乡村振兴重点工作的意见》提到:"稳定全年粮食播种面积和产量。坚持中国人的饭碗任何时候都要牢牢端在自己手中,饭碗主要装中国粮,全面落实粮食安全党政同责,严格粮食安全责任制考核,确保粮食播种面积稳定、产量保持在1.3万亿斤以上。"习近平总书记多次强调粮食安全是"国之大者",算的不仅仅是经济账,保障粮食安全是实现经济发展、保障社会稳定、维护国家安全的基础,是一本沉甸甸的政治账。因此,在保障可持续发展的基础条件上,如何利用现有的土地资源去实现粮食最大化生产,对保障我国粮食安全具有重大意义。

水是人类社会发展的基础资源,是农业生产的命脉,伴随着工业社会的发展以及人口数量的急剧膨胀,全世界范围内水资源耗用量也呈不断增加的趋势,水资源成为制约许多国家和地区经济及社会发展的瓶颈,同时也是限制农业生产最重要的因素之一。水资源作为重要的战略资源,已经成为当今衡量一个国家综合国力和竞争能力的重要指标之一(李锋瑞 等,2008)。农业用水占全球淡水资源的70%左右,一方面随着社会的发展,工业用水和生活用水不断增加,农业可用水资源受到一定的挤压;另一方面农业用水生产力及灌溉水利用率不高。2021年我国农业用水量为3 644.3亿 m^3,占用水总量的61.5%;灌区输配水方式以及田间灌溉方式的落后也造成了水资源浪费。2021年度《中国水资源公报》显示,我国2021年农田灌溉水利用系数为0.568,与部分发达国家(0.7~0.8)尚有较大差距(Kang et al.,2017)。虽然我国目前水资源总量较大,但人均水资源占有量极低,水资源匮乏一直制约着我国经济社会的发展;同时我国水资源时空分布不均衡,存在着与我国经济发展布局不匹配、降水与作物需水时间不匹配等问题。干旱问题时常造成我国部分地区农作物大量减产,干旱缺水已经成为全球绝大部分地区农业高产高效和可持续发展的主要限制因素(Kang et al., 2017;贾绍凤 等, 2004)。因此,如何提高灌溉水利用效率,对解决我国水资源问题具有重要的意义,实现水资源可持续利用是保障我国水安全、粮食安全及生态安全的重要战略举措和必然选择。

氮是作物生长所必需的大量营养元素之一,在我国农业生产中(粮食增产)发挥了不可替代的作用,在全球近一半人口的粮食生产中,化肥氮的投入是作物氮素需求的主要来源(Fowler et al., 2013;Ladha et al., 2016),贡献了当前全球粮食产量的45%~50%(Yu et al., 2019)。而我国农业生产者受传统观念影响,为了保证稳定高产,长期过量施氮,目前我国是世界上最大的化肥氮消费国,2018年在粮食生产中使用了约2 830万t氮肥。虽然过量施氮可提高作物产量,但降低了氮肥利用效率,约29%的氮肥流失到环境中,成为一种污染物(Gu et al., 2015),造成资源浪费等一系列环境污染问题,如地下水污染等。张福锁(2008)通过总结我国粮食主产区1 000多个田间试验的结果,发现小麦、玉米的氮肥利用率分别为28%和26%,远低于国际水平,与20世纪80年代相比甚至呈下降的趋势。2005年以来农业超过了工业成为水污染最主要的来源,57%的氮素、67%的磷来源于农业,是水体富营养化和地下水硝酸盐污染的主要驱动力(Gu et al., 2013)。环境保护部对中国198个城市的4 929个地下水观测站进行了分析,发现57.3%的地下水遭到不同程度的污染(中国环境状况公报, 2012)。对于硝酸盐淋失总量,农业土壤贡献了总硝酸盐淋失量的50%(Gao et al., 2016)。以硝酸盐污染的地下水作为饮用水会危害人体健康,常常诱发先天缺陷和癌症(Burow et al., 2010;Davidson et al., 2012)。同时,肥料投入量大,还会引起温室气体的大量排放,从2007年开始,农业已经成为甲烷(47%)和氧化亚氮(74%~81%)等温室气体排放的主要来源(Gu et al., 2012)。大量的氮肥投入也导致了氨挥发(95%施肥导致)、大气污染和土壤酸化(Guo et al., 2010)。因此,提高我国农业氮素利用效率对提高资源利用率以及农业的可持续发展具有重要意义。氮素利用效率已经成为"联合国可持续发展目标"重点监测的一个参数(Oenema et al., 2015),提高氮的利用效率通常被认为是保持作物生产和环境保护之间平衡的最有效的方法(Bai et al., 2022)。

1.2 国内外研究现状

1.2.1 水氮对作物生长发育的影响

水和氮素都是作物的主要组成部分,不同灌水、施氮水平首先影响的是作物根系对水氮以及其他营养元素的吸收,进而影响地上部分的光合作用、蒸腾作用、作物生长发育,最终影响干物质的积累与产量的形成。水氮对作物生长发育和产量形成存在一定的耦合效应,表现为叠加、协同和拮抗作用(穆兴民,1999;文宏达 等,2002),在一定范围内增加灌水量和施氮量都能促进小麦生长(株高、叶面积、生物量等)及发育,但当灌水量及施氮量超过一定量时反而会对作物的生长发育产生副作用。

作物通过根系吸收水氮进而调节作物生长发育,适宜的土壤水氮条件会促进春小麦土壤表层根系生物量的增加,而水氮超过一定阈值就会造成根系生长受到限制,同时根系的活力也会呈现降低趋势,从而造成作物根系提前老化,进而对根系吸收水分和养分产生负效应,水氮利用率较低的同时,作物产量也受到负面影响;相反,当土壤水分处于严重亏缺状态时,会造成根系吸水困难,不利于作物蒸腾,进而影响根系的生长发育,最终导致作物产量也大量降低(张伟 等,2015)。武荣(2013)研究认为,灌水量相同时,适宜的施氮量会促进小麦根系的生长发育,而当施氮量超过 150 kg/hm^2 时,反而会对小麦根系的生长产生抑制作用,适当的水分亏缺能够明显促进小麦根系生长,因此在充足的水氮条件下反而会不利于冬小麦根系充分生长发育,其结果可能会导致水氮利用效率不高。水氮调控对小麦等作物还具有显著的根冠调节功能(李秧秧 等,2001;邹升 等,2019),在小麦根系方面,随着水氮供应量增加,根系干质量、总根长及表面积增加,少水中氮处理的根系变粗。水氮对根系生长特征的影响大小为根干质量>根长>根系表面积>根系直径,水分对根冠生长形成的促进效应大于氮素,根冠比随供氮量增加而下降,随供水量增加而增加(邹升 等,2019)。适宜的水分亏缺可以有效调控作物根部与冠层的相互生长关系,进而提高作物产量。李彪等(2018)通过对夏玉米调亏试验研究发现,在拔节—抽穗阶段水分亏缺能显著提高根冠比,而复水后则会促进根系与冠层的比例处在相对平衡的状态,能够维持较为适宜的根冠比。

作物根系吸水吸氮后通过光合作用合成有机物,水分是直接调控小麦叶片光合作用的重要因子。当水分不足时,小麦叶片水势升高,导致叶片气孔关闭,因而阻止了二氧化碳进入气孔,只有少量二氧化碳进入气孔内部,使光合速率显著下降,同化物合成减少,最终导致籽粒产量的降低;当水分充足时,叶片水分也会提高,气孔导度和蒸腾速率也随之增加,有利于对胞间二氧化碳的利用,使胞间二氧化碳浓度逐渐降低(任红旭 等,2000)。刘静和李凤霞(2003)通过试验发现,灌溉过多也会抑制小麦叶片的光合能力,淹水条件下旗叶叶绿素含量会受到渍水的影响而明显降低,提高叶片衰老黄化的速度,降低小麦旗叶净光合速率(P_n),而且淹水胁迫时间越长,影响越严重。叶绿素是作物进行光合作用的载体,增加施氮量能够显著提高作物叶绿素的含量,进而促进作物光合作用的提高(刘丽平 等,2012;Yu et al.,2018)。同时增加施氮量能够延缓植株叶片衰老,进而使得作物通过光合作用能够较长时间积累有机物(Yang et al.,2018;Zivcak et al.,2019)。氮肥影响小麦叶绿素的合成,对光合速率和光能利用率等有显著影响。

　　作物群体数量是影响作物产量的重要因素之一。水氮管理措施对冬小麦群体数量的构建具有较强的影响作用,不同灌水施氮水平会显著影响冬小麦茎蘖数量,进而改变作物群体数量(Gyanendra et al.,2018)。对于冬小麦来说,在春季,如果土壤水分处于较低的状态,则会导致冬小麦生长与分蘖受到限制,其结果就是最终降低了小麦群体数量。而土壤水分较高时,虽然在一定程度上可促进小麦分蘖,但由于可能会导致其分蘖数过多而产生无效分蘖,反而造成作物的无效生长,最终降低作物的产量。在一定施氮量范围内,适当提高底肥施氮量,可明显提高并保证冬小麦越冬前的群体数量,而在冬小麦拔节期适当进行追肥,也可以减少冬小麦的无效分蘖,进而保证了冬小麦成熟期的成穗数及产量(Millar et al.,2018)。

　　作物株高、叶面积是反映作物冠层结构的重要指标,同时对植株发育起着不可替代的作用。武荣(2013)研究认为,不同的水氮供应对冬小麦株高产生不同程度的影响,冬小麦在拔节期生长旺盛,水分需求量大,亏水严重会直接影响植株生长,到孕穗期和抽穗期,各水分处理的株高虽有差异,但是差异不显著,说明孕穗期和抽穗期复水对株高有一定的补偿和促进作用;随着施氮量的增加,返青期和拔节期冬小麦株高呈现不同程度的增加,并且差异显著。闫世程(2020)研究表明,灌水和施肥可以调节叶面积指数最大增长速率和平均速率,可以调节地上部干物质量累积的时间和速率。许多研究表明,Logistic方程能够很好地拟合小麦的叶面积指数、干物质积累(闫世程,2020;陆军胜,2021)。灌溉可以降低作物生育期后期叶片衰老的速率,延长作物的生育期(Bouthiba et al.,2008;Jiang et al.,2013)。武荣(2013)发现在相同的灌水条件下,随着施氮量的增加,返青期冬小麦叶面积显著增加;拔节期由于冬小麦生长旺盛,虽然养分对叶面积的影响依然存在,但水分作用逐渐显现,所以尽管施肥量增加,植株叶面积却增加缓慢;冬小麦叶面积随着灌水量的增加而增加,但差异不显著。李正鹏等(2017)通过水氮耦合试验研究冬小麦叶面积指数、株高时发现,增加施氮量不仅可以使冬小麦在积温较低时达到最大叶面积指数,还可以增大叶面积指数的最大扩展速率,进而提高叶面积指数;同时灌水也显著提高了叶面积指数的最大扩展速率进而提高叶面积指数。付秋萍(2013)认为适宜的水氮耦合条件可对冬小麦株高具有显著的促进作用,在不同水氮管理措施条件下,冬小麦叶面积指数、地上部分生物量以及籽粒产量具有相似的变化规律;在冬小麦整个生育期内干旱处理显著降低了叶面积指数,而在冬小麦生育期后期,灌水不仅可以提高冬小麦叶面积指数,还可以延缓叶片衰老,延长其叶片生理功能的时间。

　　良好的地上部分生物量(AB)的积累是籽粒产量形成的基础,作物籽粒灌浆物质有很大一部分是来源于作物开花前地上部分所储存的生物量(李世清等, 2003),水氮对作物地上部分生物量的形成起着至关重要的作用。于庭高等(2020)通过对西北旱区玉米进行研究发现,水氮耦合对玉米的各器官干物质的积累分配没有产生显著的耦合响应,氮素亏缺对玉米茎、叶生物量的分配比例无显著影响,而水分亏缺反而会促进玉米茎生物量的积累,但会降低穗部和叶部生物量的积累,进而降低穗部和叶部生物量所占总生物量的比例。宋明丹等(2016)用 Richard 生长曲线对冬小麦的干物质累积过程进行拟合研究发现,在冬小麦越冬阶段和拔节阶段灌水能够延长冬小麦生物量积累的时间;增加施氮量可以显著提高生物量积累过程中的最大积累速率以及平均积累速率,不同年际间的差异会改变其快速生长阶段的时间和增长速率,进而改变了生物量的积累。赵广才等(2004)研究认为,良好的土壤水分条件可加快氮素从营养器官向生殖器官的转运,提高总氮素积累量和干物质。姜丽娜等(2019)通过对豫北地区小麦限水减氮试验发现,降低施氮量,会使得生物量的转运主要来自下层茎叶部、穗轴、颖壳,可以增加小麦营养器官生物量的转运,并提高对小麦籽粒生物量积累的贡献率,同时,穗轴和颖壳生物量对籽粒的转运量要高于小麦茎部和叶部;对于不同层次茎叶部位,降低施氮量可以提高下层茎叶生物量的转运量及其对籽粒生物量积累的贡献率,而上层茎叶等器官部则没有表现出明显的差异。中度以上水分亏缺还能促进小麦营养器官中积累的生物量向外运转,即提高开花后生物量的转运(Ercoli et al., 2008;米慧聪 等,2017)。司转运(2017)研究表明,对于豫北地区冬小麦,施氮量超过 240 kg/hm^2 时反而引起叶面积指数、地上部分生物量及产量的减小。张敏（2022）通过对夏玉米试验发现，微喷补灌水肥一体化条件下增加施氮量能促进玉米株高、茎粗、叶面积指数、地上部分生物量积累等生长指标，但当施氮量增加到一定程度（180 kg/hm^2）后，其促进作用减弱。吕广德等（2020）通过对山东泰安的冬小麦试验发现，450 m^3/hm^2 和 180 kg/hm^2 的水氮组合处理可以显著提高冬小麦生物量和氮素的积累，并促进生物量和氮素向籽粒转运，与较高的水氮处理（6 000 m^3/hm^2 和 225 kg/hm^2）相比，可以有效提高水氮素利用效率。

1.2.2　水氮对作物产量的影响

水氮是影响作物生长过程中极为重要的关键因素，是提高粮食作物产量的两个重要管理措施。在作物生产中，水和氮与许多作物生长指标和环境指标存在明显的相互影响作用。水分的亏缺会影响作物对氮素的吸收，而水分过多会对作物根系产生负效应，也会造成氮素淋失，其结果是导致作物产量降低；同时较低的施氮量和较高的施氮量也会影响作物对水的利用，并最终影响作物的产量（邓忠 等，2013；候翠翠，2013）。

不同灌水量与施氮量之间对作物产量影响特征也存在一定差异，有研究认为，不同灌水施氮水平对产量及其产量特征影响程度大小表现为，灌水效应最大，其次是施氮效应，水氮耦合效应最低，适宜的灌水量可以缓解因施氮量较低所造成的作物产量降低效应，而增加施氮量对水分亏缺的条件下籽粒产量的补偿效应影响较小（陈慧 等，2018；黄玲 等，2016）。许多研究认为灌水和施氮对作物具有明显的交互作用（邹升，2019；郭丙玉 等，2015；巫东堂等，2001）。巫东堂等（2001）认为灌水和施氮存在明显的正向交互作用；作物产量和施肥量的关系存在一定差异，各施肥条件下，灌水量与作物产量几乎呈正线性相关关系；各灌溉条件下，作物产量随施氮量的变化呈抛物线关系。邹升等（2019）通过滴灌水氮试验发现，水氮对单株成穗数和穗粒数等方面具有显著的耦合效应，增施水氮，显著促进冠部器官生长，利于高产的产量构成因子的形成，且对产量构成因子的影响大小为穗粒数>小穗数>千粒重，但过高的水氮对有效蘖的形成不利，水分对产量形成的促进效应大于氮素。郭丙玉等（2015）研究发现，水氮对玉米产量存在明显的交互作用，且施氮量对作物产量的影响要高于灌水量，在 0~435 kg/hm^2 的施氮量范围内，随着施氮量的增加，氮素利用效率也增加，但当施氮量超过 435 kg/hm^2 时，施氮开始产生负效应。贾树龙等（1995）以水分和氮肥处理对小麦进行试验，发现在水分较低或土壤干旱条件下,增加施氮量可以减少水分对产量的不利影响,能够提高小麦产量;当水分胁迫严重时,增加施氮量对产量影响较小。在水分较低的情况下,增加较多的氮肥,产量增加不显著;在肥料较低的情况下,增加较多的灌水量,产量增加也不显著,施肥量与灌水量存在着显著的相关关系。

在一定范围内灌水量和施氮量对小麦具有促进作用,但同时也存在一个阈值,当灌水量和施氮量超过这个阈值,灌水和施氮就开始显示出负效应。(张笑培 等,2021;王悦,2021;金修宽 等,2017)。赵炳梓等(2003)通过小麦桶栽试验研究发现,当灌水量小于 105 mm 时,较低的灌水量会导致小麦产量降低,而当施氮量超过 122 kg/hm² 时,再增加施氮量反而会限制小麦耗水量和产量,在不同灌水条件下,小麦产量随施氮量的变化趋势是有差异的,即水氮存在交互作用。张笑培等(2021)通过拔节期灌水施氮研究发现,在拔节期灌水量为 90 mm、追氮量为 75 kg/hm² 时获得最高产量,继续增加施氮量,产量增加不显著。说明灌水和追氮对冬小麦增产作用存在一定的临界值。

前人以粮食产量为目标对冬小麦适宜施氮量进行了研究,虽各有不同点,但也有相似的规律,大部分研究人员认为冬小麦单季最佳施氮量不超过 200 kg/hm²(陆军胜,2021;吕丽华 等,2014;林祥,2020)。陆军胜(2021)研究认为,冬小麦单季施氮量分别在 0～170 kg/hm²、0～150 kg/hm² 时,增加施氮量会对产量及其部分产量特征具有促进作用,再增加施氮量至 255 kg/hm² 时,施氮对产量没有显著促进作用。林祥(2020)认为单季施氮量超过 192 kg/hm² 不会增加冬小麦籽粒产量。吕丽华等(2014)通过长期定位试验发现,华北地区周年施氮量 253.5～311.6 kg/hm² 即可实现小麦高产。刘新宇等(2010)采用 N15 田间微区试验研究认为,当施氮量为 150 kg/hm² 时,小麦产量已经达到较高的水平,再次增加施氮量不会增加作物产量。陈静等(2014)通过滴灌施肥试验发现,施氮量为 189 kg/hm² 时,籽粒产量和氮肥利用效率最高。也有部分研究结果表明,冬小麦单季施氮量超过 200 kg/hm² 时也能继续增产,刘凤楼等(2010)研究发现,施氮量为 270 kg/hm² 的处理比施氮量为 180 kg/hm² 的处理产量提高了约 10%。黄光荣等(2009)认为小麦单季最佳氮肥用量为 270 kg/hm²。武荣(2013)研究认为,在相同灌水量条件下,在 0～150 kg/hm² 的施氮量范围内,小麦产量随施氮量增加而增加;当施氮量超过 150 kg/hm² 时,增加施氮量反而使得产量降低。郭丽(2010)在华北地区的冬小麦-夏玉米轮作试验研究表明,全年最佳的水氮耦合为全年灌 2 水、施氮量 480 kg/hm²。

前人以作物产量和水分利用效率为目标对冬小麦适宜的灌溉制度也做了

大量研究。Li 等(2012)认为冬小麦拔节期和开花期灌溉可增加开花至成熟阶段耗水量,有利于促进生殖期灌浆,提高籽粒产量,为提高氮利用效率奠定基础。王悦(2021)通过研究华北地区冬小麦发现,在越冬期和拔节期灌水可保证小麦处于高产状态。秦欣等(2012)研究认为,华北地区小麦丰水年灌拔节水,平水年灌拔节水和扬花水即可满足小麦的生长需求,过量灌水对产量提高无益。黄光荣等(2009)研究认为,在各施氮水平下,较高的灌水量对小麦产量均表现出促进作用。褚鹏飞等(2009)研究表明,在拔节期和开花期,当灌水定额为 60 mm 时,土壤水分消耗量、水分利用效率和籽粒产量均处在较高的水平,再提高灌水量对籽粒产量、水分利用效率无显著提高作用,反而会降低灌溉水利用效率。张永丽等(2009)研究表明,在保水能力较差的砂质壤土上,底墒水、冬水、拔节水和开花水各灌 60 mm 处理获得最高籽粒产量和水分利用效率,可供壤土和砂质壤土条件下小麦生产中确定灌水方案参考。

　　不同的灌水和施氮方式可以通过调节作物籽粒产量特征来改变作物产量,在一定范围内增加灌水量可显著提高小麦成穗数和单穗籽粒数,进而提高作物产量(张笑培 等, 2021;李永宾 等,2005;张凤翔 等,2005)。张笑培等(2021)通过拔节期灌水施氮研究发现,随拔节期灌水量和施氮量的增加,冬小麦单穗籽粒数和成穗数增加,最终产量也逐渐增加。郭丙玉等(2015)认为灌水与施氮均可显著增加玉米产量、穗粒数和千粒重,进而提高作物产量。李永宾等(2005)研究认为,适当增加灌水量以及施氮量,有利于提高小麦成穗数而小麦单穗籽粒数随施氮量的增加呈抛物线变化趋势,相同灌水条件下,施氮量对千粒重表现出负效应,而灌水量对千粒重无显著影响。张凤翔等(2005)研究结果表明,对于冬小麦产量特征成穗数和单穗籽粒数,在各灌水和施氮条件下其变化规律相似,即不存在交互作用,在较高的灌水条件下,成穗数和单穗籽粒数均随施肥量的增大而增加,而千粒重随灌水量的增加而降低,施氮量的变化对千粒重无显著影响。不同时期灌水对作物产量调节作用也是不同的,在小麦起身期灌水对小麦成穗数的增加起到明显的促进作用,在拔节期灌水可以显著提高单穗籽粒数以提高作物产量。而在开花期灌水则可以显著提高小麦籽粒的千粒重,并提高作物产量,灌 1 水条件下,孕穗期灌水最佳;灌 2 水条件下,拔节期和开花期灌水最佳;灌 3 水条件下,拔节期、开花期和灌浆期灌水最佳(李建民 等,1999)。增加施氮量会显著提高小麦在灌浆期的灌浆速率,适量施氮会显著提高小麦茎蘖的成穗数量,增加单位面积的抽穗数(李科江 等,2004)。灌溉制度的改变也可以调控作物生育期来影响作物产量,李科江等(2004)研究认为,小麦前期灌水次数越多,小麦抽穗期来临得越晚,且灌浆时间也会缩短,施氮量对小麦抽穗期的推迟影响不显著。

1.2.3　水氮对土壤水分利用的影响

农田土壤水分的输入项主要是灌溉水、降水以及深层土壤水分补给;土壤水分的输出项包含根系吸水,即蒸腾作用输出的水、土壤蒸发和深层渗漏,根系吸水主要通过叶面蒸腾向外散失。灌溉通过向农田输入水分直接影响土壤水分的分布,而施氮通过间接影响作物生长进而改变作物耗水规律来影响土壤水分(王悦, 2021)。

不同水氮耦合模式下作物的土壤水分利用规律因外界环境、作物种类、管理方式不同而不同,但耗水规律会存在相似点,普遍认为农田土壤耗水量和灌水量、灌水次数均成正比(雷媛, 2021;王悦, 2021;张昊 等, 2016),在一定范围内增加灌水量和灌水次数,一方面由于表层土壤湿润会导致土壤蒸发量增加,另一方面充足的土壤水分也会促进作物的蒸腾作用,整体上表现为灌水量的增加会增加土壤水分消耗(谷利敏, 2014;吴祥运, 2020;王悦, 2021),但因灌水量不同而产生的耗水差异要比因施肥不同而产生的耗水差异大些(詹卫华 等, 1999 王凤新 等, 1999)。雷媛(2021)研究表明,较小的计划湿润层深度和较高的土壤水分控制下限缩短了灌水间隔,减少了灌水定额,当计划湿润层深度较小时,土壤水主要分布在表层,易于被蒸腾作用所消耗,而灌水频率越高,土壤水分变异性也越高。张喜英(2018)认为,当叶面积指数大于一定数值时,土壤蒸发占蒸散比例显著降低。因此,对于冬小麦限水灌溉下增加灌水频率的时间应在作物生长的中后期。随灌水量的增加,作物生育期内总耗水量提高,土壤储水耗水量降低,其占总耗水量的比例降低(马兴华 等, 2010;黄玲 等, 2016)。高鹭等(2005)通过冬小麦喷灌试验发现,喷灌的灌水定额小,灌溉水分布均匀,水分主要分布在作物根系层内,有利于作物对水分的吸收利用,提高水分利用效率,且不易发生深层渗漏。相比之下,地面灌溉灌水定额大、灌水均匀度低,灌溉水可达地表 150 cm 以下,土壤水分深层渗漏量较大(孙泽强 等, 2007)。

水分生产力与施氮量之间也表现出很好的正相关性;氮素能够调节土壤水分有效性,在一定范围内,增加施氮量会促进作物的生长发育,适当的施氮量可以提高作物根系活力,间接提高土壤水分消耗和蒸腾蒸发量(Wang et al., 2015;徐明杰 等, 2015),整体上表现为施氮量的增加会促进作物对水分的消耗(吴祥运, 2020;王悦, 2021)。在一定范围内,增加施氮量可促进作物叶面积增长,蒸腾作用增强,导致作物耗水量增加,水分利用效率呈现先增加后降低的趋势(蔡晓,2020;Wu et al.,2021)。

不同的灌水和施氮方式也会影响作物的生长发育以及作物根系的吸水吸氮状况,从而间接影响土壤水分的分布状况。在作物根层,随着土壤深度的增加,土壤水分变化幅度会逐渐变小(王悦,2021)。普遍认为,冬小麦主要根系吸水层集中在60 cm土层以上(Ma et al.,2019;Guo et al.,2019;赛力汗·赛,2018)。而对于冬小麦,其不同土层根系耗水速率随时间以及外界环境的变化也会变化。杨明达(2021)研究认为,冬小麦各层根系吸水速率随灌溉之后的时间变化呈现正弦曲线变化趋势,灌溉后,上层土壤(20~50 cm)根系吸水速率表现为先升高后降低的趋势,下层土壤(60~100 cm)根系吸水速率表现为先降低后升高的趋势。王悦(2021)认为过量灌水会降低小麦对土壤储水的利用,而施氮则提高了对土壤水的利用能力。杨峰(2012)研究发现,对一些沙地植物,当地表水分减少时,下部吸水速率加大;而当地表湿润时,植物根系吸水高峰就重回到土壤上部。盛钰等(2005)通过旱区绿洲玉米田间水氮耦合试验,结合模型模拟研究认为,在玉米生育期初期,土壤棵间蒸发占据主导地位,而在玉米生育期后期,根系吸水即作物蒸腾占耗水的绝大部分,在各层土壤中,30~40 cm土层的根系吸水速率最高;在一定范围内增加施氮量可以提高玉米的根系吸水速率,而较高的灌水量也可以提高玉米对土壤氮素的吸收,但是水氮利用效率随着灌水施氮水平的提高呈先增大后减小的趋势。马忠明(1998)认为,对于玉米来说,当灌水量不足时,60 cm土层以下的土壤耗水速率会增大,100 cm以下的土层土壤水分比较稳定。付秋萍(2013)通过对冬小麦水氮耦合研究认为,水氮耦合对成熟期土壤剖面水分含量有显著影响,旱作处理下,土壤水分随施氮量的增加而降低。张平良等(2015)研究认为,长期施用化肥对土壤水分有明显的影响,施肥量较高条件下玉米对土壤水分的吸收较多,且随施肥量的增加,玉米对水分的吸收利用也相应提高。但当施氮量增加到一定程度时,耗水量不会继续增加(金修宽 等,2018)。冬小麦对水分需求的最大强度在拔节至灌浆成熟期(司转运,2020)。宁芳等(2019)通过对夏玉米研究发现,在干旱胁迫下,表层供水不足迫使夏玉米根系下扎以利用深层土壤水分,生育后期主要吸收80~100 cm的水分。

1.2.4 水氮对土壤氮素分布、积累的影响

灌水和施氮是影响农田土壤氮素含量的两个关键因素。在农田土壤中,植物吸收土壤中的铵盐和硝酸盐,进而将这些无机氮同化成植物体内的蛋白质等有机氮,土壤中的铵态氮和硝态氮最易被植物吸收利用,气候条件较好的

情况下,硝化速率较快,矿化释放的铵态氮很快被硝化,故硝态氮一般占交换性铵和硝态氮含量的 80% 以上,亚硝态氮含量一般不到硝态氮含量的 1%。土壤通气性不好的条件下无机氮则以铵态氮为主。降雨、灌溉和化肥施用均会影响硝态氮在土壤中的含量和分布(Mohammadi et al. , 2019;Yang et al. , 2017)。

水,一方面作为无机氮的载体可以调控土壤氮素的分布,另一方面土壤水分含量多少也间接影响土壤氮素形态之间的转化,包括尿素水解、挥发、硝化、反硝化、硝酸还原、矿化等作用,适宜的土壤水分会促进作物根系吸水吸氮,有机氮的矿化降低土壤氨挥发,而干旱则会限制作物对氮素的吸收(曹翠玲 等,2003a;宁东峰 等,2019)。土壤水分过多会促进土壤氮素下移,不利于作物对氮素的吸收,同时也会造成无机氮的淋溶损失,但硝态氮向下层土壤的移动显著滞后于土壤水分(王西娜 等,2007),引起地下水污染。氮肥用量过高是氮素淋失的根本原因,不合理的灌溉制度是硝态氮淋失的驱动力(张玉铭 等,2006;Nangia et al. , 2010),土壤水分过低会造成作物生长发育不足、根系吸氮能力不足,增加矿质氮在根层土壤中的残留(贾殿勇,2013)。有研究表明,适当的水分对冬小麦氮素吸收和同化具有明显促进作用,通常在氮素缺乏的情况下增加灌水次数有利于促进土壤中有机氮向速效氮的转化,改善土壤供氮能力(薛丽华 等,2018)。徐海等(2009)研究认为,作物对速效氮的耗竭和氮素的转化过程主要发生在 0~10 cm 土层,该层土壤墒情不稳定,水分含量和硝态氮变异性最大。在冬小麦-夏玉米轮作系统,冬小麦季适当的水分亏缺可以增加土壤的储水能力,有利于在夏玉米季储存更多的水分(Xu et al. , 2016)。从一定程度上来说这有利于降低或者避免土壤硝态氮的淋溶风险。宁东峰等(2019)认为亏缺灌溉玉米的吸氮量低于充分灌溉,土壤硝态氮残留有增加趋势。较高的灌水量会促进铵态氮、硝态氮向下层土壤迁移,造成表层土壤无机氮含量相对较低,下层土壤无机氮含量相对较高(张忠学 等,2020;李娜娜,2013)。

增加施氮量能显著提高冬小麦生育期土壤各土层硝态氮含量,为作物正常生长提供充分的无机氮。李艳(2015)通过喷灌条件下冬小麦试验研究表明,单季作物施氮 110 kg/hm² 能保持相对稳定的土壤氮素浓度,单季作物施氮 220~550 kg/hm² 时,土壤氮素随时间不断向下层土壤运移。司转运(2017)通过冬小麦-夏棉花轮作试验认为土壤硝态氮累积主要集中在 0~40 cm 土层,施氮量影响硝态氮在不同土层深度的累积,硝态氮累积区域随着施氮量增加有下移趋势,相对于夏棉花季,冬小麦季有机氮矿化量较小。武荣

（2013）研究认为,全生育期土壤硝态氮的含量一般都在 25 mg/kg 以下,单季施氮量为 225 kg/hm² 的条件下,0~60 cm 土层土壤硝态氮含量最低,冬小麦对土壤硝态氮吸收最为有效。付秋萍（2013）研究发现当施氮量低于 225 kg/hm² 时,作物生长需消耗部分土壤氮,而当施氮量高于 225 kg/hm² 时将开始造成硝态氮的残留,容易造成氮素淋溶,对环境产生污染。张月霞等（2009）对冬小麦的研究表明,当施氮量小于或等于 150 kg/hm² 时,土壤硝态氮残留量没有显著提高,当施氮量高于 150 kg/hm² 时,土壤硝态氮残留量则显著增加。李艳（2015）研究认为,当冬小麦单季作物施氮量为 110 kg/hm² 时,能保持相对稳定的土壤氮素浓度,当单季作物施氮量为 220~550 kg/hm² 时,土壤氮素随时间不断向下层土壤运移,3 年试验期土壤硝态氮锋面在深层土壤中（100~500 cm）的运移速率为 50 cm/a。代快（2012）通过冬小麦试验发现,灌水对冬小麦各生育期氮肥总残留量影响不显著,但增加灌水水平土壤硝态氮存在下移现象,增加灌水水平 0~40 cm 土层土壤硝态氮含量降低,而 60 cm 土层以下则提高,增加施氮量会使得土层中的含氮量增加,但对土壤硝态氮在土体中移动没有影响（张树兰 等,2004）。翁玲云等（2018）通过长期定位试验发现,华北地区轮作体系中硝态氮可淋洗到 990 cm 的土壤中,且淋失量与施氮量成正比,冬小麦-夏玉米周年施氮量 180 kg/hm² 时可以在维持高产的同时降低环境污染风险。巨晓棠等（2003）通过 15N 示踪技术发现,华北地区冬小麦-夏玉米周年施氮量 120 kg/hm² 时的氮肥利用效率显著高于施氮量 360 kg/hm² 时的氮肥利用效率,且氮素损失率显著低于后者。

1.2.5　水氮对作物氮素积累的影响

　　氮肥施入土壤后的去向包括:氨挥发、作物吸收、土壤残留、反硝化作用损失,以及经灌水和降水等淋溶损失。不同水氮管理措施均会对作物全氮含量和积累量产生影响。作物不同生育期对氮素的吸收和积累的量是不同的,同一个生育期不同器官的氮含量也有很大差异,作物吸收的氮素在各器官中的分配也随着不同生育时期生长中心的转移而变化（Burns et al. , 1994）,开花至成熟阶段是小麦氮素吸收分配的关键时期,开花前营养器官中氮素的积累及开花后积累的氮素向籽粒中的转运对作物产量极为重要（Barneix et al. , 1992；王月福 等, 2003）,小麦开花前合成的同化物有 3%~30% 转运到籽粒中（吕金印 等, 2002；Pheloung et al. , 2018）。邵瑞鑫（2011）研究发现,当施氮量为 0~180 kg/hm² 时,旱作条件下氮肥增加促进了小麦花前营养器官氮素向籽粒中的转移及其对籽粒氮素积累的贡献。雒文鹤（2020）认为,冬小麦植株含氮量随生育进程的发展逐渐减小,当施氮量为 $150\sim300$ kg/hm² 时,植株氮素含量均处于较高的水平,且无显著性差异,而在干旱条件下,植株氮素含量显著低于灌水处理,较高的灌水水平会延缓小麦生育期后期植株氮素下降速率。

不同的灌水施氮水平对作物各器官氮素的积累、转运和分配也起着至关重要的作用,一般认为随着施氮量的增加,植株全氮含量会有所增加,但氮素在籽粒中的分配比例会有所降低(赵俊晔 等,2006;王小燕,2006)。王小燕等(2008)研究发现,随施氮量的增加,籽粒、叶片、茎+叶鞘和颖壳+穗轴各器官含氮量及氮素分配量均显著增加,但氮素在籽粒中的分配比例降低;干旱胁迫促进营养器官中积累的氮素向籽粒转移,提高籽粒氮素分配比例。马兴华等(2010)研究表明,适量施氮提高了籽粒中的氮素分配量,施氮量过多,导致小麦成熟期营养器官中的氮素残留量增加,氮素向籽粒中的分配量减少。赵俊晔等(2006)研究发现,随着施氮水平的提高,氮素积累量显著增加,氮素在籽粒中的分配比例降低,氮素收获指数及氮素利用效率下降,灌水是调控小麦氮素营养和产量的有效手段。Sinclair 等(2000)研究指出,土壤干旱促进了氮素从叶片向籽粒的转移,提高了籽粒氮素含量。郑成岩等(2009)研究表明,小麦植株与籽粒氮素积累量和开花后营养器官氮素向籽粒的转移量均随灌水量的增加而显著增加,成熟期小麦植株氮素积累量、开花后营养器官积累的氮素向小麦籽粒的转移量和转移率均随着灌水量的增加呈现先增加后降低的趋势。谷利敏(2014)研究表明,较高的施氮量会导致植株较高的含氮量,与胁迫灌溉相比,正常灌溉增加了植株氮素吸收,但氮素向穗部的转移率降低。于高庭等(2020)通过对西北旱区制种玉米进行研究发现,氮胁迫对制种氮素积累量分配关系无显著影响。水分胁迫有利于提高茎氮素积累量分配比例,降低叶与穗的氮素分配比例。水氮互作效应在制种玉米器官间氮素积累量的分配上未表现出显著效应。

对于植株氮素的积累,当灌水和施氮超过一定程度时,植株氮素积累将不再增加,甚至会起到负面效应。Lloveras 等(2001)研究表明,增施氮肥,土壤耕层有效氮含量增加,有利于植株对氮素的吸收,在一定阈值范围内,植株氮素吸收总量与施氮量呈正相关,但氮肥用量过多,延缓衰老进程,不利于营养器官中的碳水化合物和氮素向籽粒转移,最终导致产量和蛋白质含量降低。李朝苏(2015)研究发现,对于冬小麦,当施氮量低于 135 kg/hm² 时,施氮量增加能促进各时期的干物质积累;当施氮量为 $135\sim225$ kg/hm² 时,对干物质影响较小。王小燕等(2009)认为,同一施氮量条件下,增加灌溉量,成熟期氮素吸收总量增加,但籽粒蛋白质含量降低。灌溉量不变,施氮量由 120 kg/hm^2 增加到 240 kg/hm^2,各营养器官中氮素的积累量增加,但开花后营养器官中积累的氮素向籽粒的转移率降低,最终籽粒蛋白质含量亦不高。郭丽等(2010a)认为相同施氮量下,全年灌 1 水籽粒含氮量比灌 3 水高,说明灌水降低玉米籽粒含氮量,这一结果说明灌水提高玉米茎秆含氮量,但可能导致营养生长过旺,向籽粒输送营养物质减少,导致籽粒含氮量降低,增加灌水对籽粒蛋白质起稀释作用;水分较多时施入较高氮素不利于玉米植株吸收氮素,在水分适宜时适量增施氮肥有利于氮素的吸收。

1.2.6　滴灌在作物生产中的应用

　　滴灌技术是一种能够高效利用水肥资源的灌溉施肥技术。滴灌作为一种施于作物根区附近的局部灌水技术,可进行实时、精量的水肥控制灌溉。滴灌一般不会造成表层水土流失,这使得滴灌技术可以应用在不同类型的种植区域,如具有较浅土层的斜坡地(Cerda et al., 2022)。滴灌具有良好的灌水、施肥均匀性以及较低的土壤蒸发等优点(Marino et al., 2014; Karlberg et al., 2007)。伴随着滴灌技术的发展,滴灌技术从材料生产成本到维护、管理、经营成本都在逐渐降低,目前已经被越来越多地应用于许多大田作物,如小麦、玉米、马铃薯等,滴灌灌水器也越来越多样化、精密化,滴灌技术模式也逐渐发展出了地下滴灌技术和膜下滴灌技术,其中膜下滴灌在我国的西北地区的棉花、玉米和水果的种植中得到了广泛的运用。灌水施肥方式由滴灌+撒施发展为滴灌水肥一体化和精准控制施肥。有研究表明,与其他传统灌溉和施肥方式相比,滴灌施肥可提高小麦 35% 左右的水分利用效率(聂紫瑾 等, 2013; Wang et al., 2013; 蒋桂英 等, 2012)和 30% 左右的氮肥利用效率(尹飞虎 等, 2011)。目前,在我国干旱与半干旱地区,滴灌灌水施肥技术被越来越多地应用于作物生产中,而在华北平原地区冬小麦生产中滴灌灌水技术应用还比较少。因此,采用滴灌灌水施肥技术,提高水肥利用效率,对华北平原地区冬小麦种植区域的农业可持续发展和粮食安全具有重要意义。

第 2 章　试验材料与方法

2.1　试验区概况

　　田间试验地点位于河南省新乡市中国农业科学院新乡综合试验基地。该基地位于黄淮海地区中部偏西,河南新乡人民胜利渠引黄灌区内($35.18°N$,$113.54°E$,海拔 81 m),耕作制度以一年两熟为主,冬小麦和夏玉米轮作是该区域的主要作物种植模式。试验区土壤为砂质壤土,$0 \sim 140$ cm 土层平均容重 1.50 g/cm^3、平均田间持水量 30.61%(见表 2-1)。该地区属暖温带大陆性季风气候,多年平均降水量 581 mm,7—9 月降水量占全年的 70%~80%,多年平均气温 14.2 ℃,多年平均蒸发量 2 000 mm(直径 20 cm 蒸发皿蒸发量),无霜期 210 d,日照时数 2 399 h,光热资源丰富,全年地下水埋深均大于 5 m。

表 2-1　0~140 cm 土层土壤物理性质均值

土层/cm	不同土壤粒径占比/%			容重/ (g/cm^3)	田间持水量/%	饱和含水率/%
	黏粒 (0~0.002 mm)	粉粒 (0.002~0.02 mm)	砂粒 (0.02~2 mm)			
0~20	6.83	50.63	42.54	1.53	33.80	41.23
20~40	6.43	39.53	54.04	1.61	33.26	41.25
40~60	6.31	38.40	55.29	1.56	31.87	41.12
60~80	6.28	36.90	56.82	1.50	30.67	43.52
80~100	5.66	38.98	55.36	1.46	29.45	45.02
100~120	5.97	32.78	61.25	1.41	27.36	47.24
120~140	3.43	30.20	66.37	1.41	27.89	47.14

　　试验期间日平均气温见图 2-1,日降水量(P)与累计降水量见图 2-2。其中 2018—2019 季、2019—2020 季和 2020—2021 季冬小麦生育期内累计降水量分别为 195.0 mm、164.0 mm 和 228.0 mm,2020—2021 季冬小麦生育期内的降水量高于前两季。

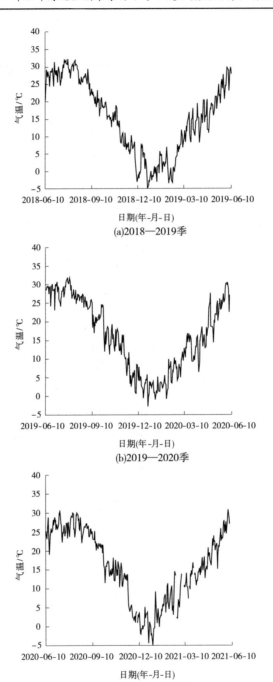

(a)2018—2019季

(b)2019—2020季

(c)2020—2021季

图 2-1　2018 年 6 月至 2021 年 6 月日平均气温

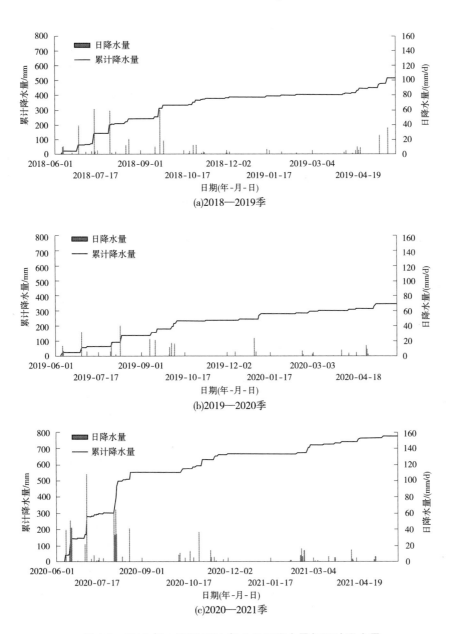

(a)2018—2019季

(b)2019—2020季

(c)2020—2021季

图 2-2　2018 年 6 月至 2021 年 6 月日降水量与累计降水量

2.2　试验方法与材料

在冬小麦季,试验设置按照 3 个灌水水平和 4 个施氮水平完全组合设计。3 个灌水水平分别为 80 mm、60 mm 和 40 mm(单次灌水定额),分别用 W80、W60 和 W40 表示,于 3 个关键生育阶段(返青—拔节阶段、拔节—开花阶段、灌浆—成熟阶段)进行灌水。试验设置 4 个施氮水平分别为 250 kg/hm²、167 kg/hm²、83 kg/hm² 和 0(以纯 N 计,单季作物施氮量),分别用 N3、N2、N1 和 N0 表示,氮肥分别于播前机施和返青后随滴灌施入,基追比均为 1:1。同时设置一个冬小麦返青开始后仅灌 10 mm 追肥水(W0)且施氮水平为 N3 的对照处理,即 W0N3 处理;另外还设置一个不种植作物、但灌水水平同 W0 处理的裸地对照处理,用 BL 表示。冬小麦生育期内灌水时间见表 2-2。由于 2020—2021 年小麦返青—拔节阶段累计降水量达到 54 mm,接近 W60 灌水水平处理的灌水定额,取消返青—拔节阶段灌水,同时为了保证冬小麦出苗,各处理均在播种后灌 60 mm 出苗水。在试验期间的夏玉米季内,所有试验小区内施氮量同冬小麦季一致(2018 年夏玉米季,各试验小区已进行一季的氮肥处理试验),BL 处理也同冬小麦季的 BL 处理设置在同一个小区内,夏玉米季根据生育期降水和需水状况进行灌水,所有小区灌水量一致。

表 2-2　冬小麦生育期内灌水时间

生育阶段	2019 年	2020 年	2021 年
返青—拔节	3 月 12 日	3 月 9 日	—
拔节—开花	4 月 19 日	4 月 19 日	4 月 11 日
灌浆—成熟	5 月 15 日	5 月 15 日	5 月 14 日

试验灌水方式均采用地表滴灌,滴灌带间距为 60 cm,滴头流量为 3 L/h,滴头间距为 20 cm。试验于 2018 年夏玉米季开始至 2021 年冬小麦成熟期结束(夏玉米季只进行氮肥处理,无灌水试验处理,本书只对冬小麦季试验数据进行分析)。冬小麦试验品种为"轮选 69",氮肥选用尿素(CH_4N_2O)(含氮量 46.7%)。同时冬小麦播前均施 245 kg/hm² 过磷酸钙($CaP_2H_4O_8$)和 165 kg/hm² 硫酸钾(K_2SO_4)。试验期间作物秸秆还田并旋耕。每个处理设置 3 个重复,每个试验小区大小为 7.6 m×8 m。通过试验期间观测,试验期冬小麦生育阶段划分见表 2-3。

表 2-3 冬小麦生育阶段划分

生育阶段	2018—2019 季	2019—2020 季	2020—2021 季
播种—返青	10 月 10 日至次年 2 月 22 日	10 月 12 日至次年 2 月 25 日	10 月 10 日至次年 2 月 22 日
返青—拔节	2 月 23 日—3 月 15 日	2 月 26 日—3 月 15 日	2 月 23 日—3 月 14 日
拔节—开花	3 月 16 日—4 月 23 日	3 月 16 日—4 月 22 日	3 月 15 日—4 月 25 日
开花—成熟	4 月 24 日—6 月 3 日	4 月 23 日—6 月 3 日	4 月 26 日—6 月 3 日

2.3 观测指标与方法

2.3.1 气象数据

田间安装有自动气象站,气象站每半小时获取一次 2 m 高度处的空气温度、相对湿度、风速、太阳辐射和降水量。

2.3.2 土壤水分

在冬小麦关键生育期用土钻取土至 140 cm 土层,取土土层间隔为 20 cm,取土后采用烘干法测定土壤水分,依据土壤容重换算成体积含水率,每个小区选取两点进行取土,取土位置分别为滴灌带正下方以及两条滴灌带中间两处位置,农田土壤取样方案见图 2-3。

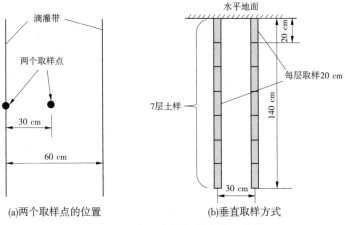

(a)两个取样点的位置   (b)垂直取样方式

图 2-3 农田土壤取样方案示意图

2.3.3　土壤硝态氮和铵态氮含量

　　检测土壤硝态氮和铵态氮的土壤取样方法与取样时间同 2.3.2 部分,用烘干法测量土壤水分,取土样的同时,取少量鲜土样分层装入自封袋,测定时取 20 g 土样,加 50 mL 的 1 mol/L 的 KCl 浸提液,振荡 60 min 后过滤。用 AA3 型流动分析仪(Seal Analytical Inc. AA3-HR USA)测定土壤硝态氮、铵态氮含量。

2.3.4　植株全氮含量

　　冬小麦开花期和成熟期取样,分茎、叶、穗烘干称重,粉碎后过筛分别装袋,经 $H_2SO_4-H_2O_2$ 消煮,用 AA3 型流动分析仪测定样品的全氮含量,根据干物质质量计算不同器官的氮素吸收量。

2.3.5　叶面积指数、生物量和叶绿素相对含量

　　叶面积指数(leaf area index, LAI):在冬小麦生育期,每个小区随机选取 10 株冬小麦测定其叶面积,单个叶片叶面积测定方法为:叶面积=叶长×叶宽×0.75,然后结合群体密度计算冬小麦叶面积指数。

　　地上部分生物量(above-ground biomass, AB):在冬小麦关键生育期,抽穗之前分为叶片和茎干 2 部分,抽穗后分为叶片、茎秆、穗 3 部分,105 ℃ 杀青 30 min,75 ℃ 烘至恒重,最后称重。

　　叶绿素相对含量(SPAD 值):冬小麦在抽穗后,每隔 7~10 d,用叶绿素仪测定小麦旗叶中心位置的 SPAD 值,每个小区测定 30 片旗叶。

2.3.6　产量特征及籽粒氨基酸组分含量

　　冬小麦成熟期每个小区选取 2 m² 的样方收获,记录其株数,脱粒后经过自然风干,测定其籽粒产量,同时每个小区选取 10 株进行室内考种,测定成穗数、穗长、单穗籽粒数、千粒重等指标。用氨基酸分析仪(茚三酮柱后衍生离子交换色谱仪)测定冬小麦籽粒中的氨基酸组分含量。

2.3.7　旗叶与籽粒氮代谢关键酶

　　从冬小麦开花时开始在各小区每隔 7 d 选取 10 株小麦植株,取下旗叶和穗部,用液氮冷冻后,储存于 -40 ℃ 冰箱。蔗糖磷酸合酶(SPS)活性、谷氨酰胺合成酶(GS)活性参考刘焕(2019)使用的方法进行测定,硝酸还原酶(NR)

活性参考李合生(2000)活体磺胺比色法进行测定。

2.3.8 旗叶光合特性

选取灌浆期中期旗叶,用光合仪(Li-6400,Li-cor,Lincoln,NE,USA)测定光合-光合有效辐射响应关系。采用红蓝光源,PAR(光合有效辐射)分别设定为 0、10 μmol/(m^2 · s)、20 μmol/(m^2 · s)、50 μmol/(m^2 · s)、100 μmol/(m^2 · s)、150 μmol/(m^2 · s)、200 μmol/(m^2 · s)、500 μmol/(m^2 · s)、800 μmol/(m^2 · s)、1 000 μmol/(m^2 · s)、1 200 μmol/(m^2 · s)、1 500 μmol/(m^2 · s)、1 800 μmol/(m^2 · s)和 2 000 μmol/(m^2 · s),流速 500 μmol/s,测量各处理旗叶的净光合速率(P_n)、气孔导度(S_c)、胞间 CO_2 浓度(C_i)、蒸腾速率(T_r)等光合作用有关指标。

2.3.9 其他指标

各阶段施肥量、灌水量、生育期时间和其他管理措施及其管理时间。

2.4 主要指标计算方法

2.4.1 参考作物蒸发蒸腾量

通过 Penman-Monteith 公式计算参考作物蒸发蒸腾量:

$$\text{ET}_0 = \frac{0.408\Delta(R_n - G) + \gamma\dfrac{900}{273 + T}u_2(e_s - e_a)}{\Delta + \gamma(1 + 0.34u_2)} \tag{2-1}$$

式中:ET_0 为参考作物蒸发蒸腾量,mm/d;Δ 为温度-饱和水汽压关系曲线的斜率,kPa/℃;R_n 为净辐射,MJ/m^2;G 为土壤热通量,MJ/m^2;γ 为湿度计常数,kPa/℃;T 为 2 m 高处日平均气温,℃;u_2 为 2 m 高处的风速,m/s;e_s 为饱和水汽压,kPa;e_a 为当地的实际水汽压,kPa。

2.4.2 作物蒸发蒸腾量(作物耗水量)

作物蒸发蒸腾量即作物耗水量(ET),根据下式计算:

$$\text{ET} = \Delta W + I + P + D + R \tag{2-2}$$

式中:ΔW 为时段初和时段末土壤水分的差值,mm;I 为灌水量,mm;P 为有效降水量,mm;D 为深层渗漏量,mm;R 为地表径流损失,mm,由于试验地较平整且各处理小区周围都筑有 20 cm 高的垄,可以忽略径流损失。

式(2-2)中有效降水量(P)计算方法如下:

(1)当实际降水量小于 5 mm 时,P 取值为 0;

(2)当实际降水量介于 5~50 mm 时(包含等于),P 值等于实际降水量;

(3)当实际降水量大于 50 mm 时,P 值等于实际降水量乘以系数 0.8。

对于深层渗漏量(D),本次试验最大灌水量为 80 mm,仅为 0~140 cm 土层田间持水量的 26%,根据试验期土壤水分状况,经计算,各时期灌水后几乎不产生深层渗漏,即灌水后 D 可以忽略;结合降水前土壤水分状况,降水几乎不会产生深层渗漏,即降水后 D 可以忽略。

2.4.3　水分利用效率

水分利用效率(WUE)根据下式计算:

$$WUE = \frac{GY}{10 \times ET} \tag{2-3}$$

式中:GY 为籽粒产量,kg/hm^2;ET 为作物蒸发蒸腾量,即作物耗水量,mm;WUE 为水分利用效率,表示单位耗水量所能产生的作物的籽粒产量,kg/m^3。

2.4.4　光响应特征曲线模型

光响应特征曲线模拟采用两种模型进行对比模拟。

直角双曲线模型(Lewis et al, 1999):

$$P_n = \frac{\alpha I P_{max}}{\alpha I + P_{max}} - R_d \tag{2-4}$$

式中:P_n 为净光合速率,$\mu mol/(m^2 \cdot s)$;P_{max} 为最大净光合速率,$\mu mol/(m^2 \cdot s)$;R_d 为作物的暗呼吸速率,$\mu mol/(m^2 \cdot s)$;I 为光合有效辐射量,$\mu mol/(m^2 \cdot s)$;α 为光响应曲线的初始斜率,表示植物的光合作用对光的利用效率,也称为表观量子效率或初始量子效率。

叶子飘模型(直角双曲线修正模型)(Ye, 2007):

$$P_n = \alpha I \frac{1 - \beta I}{1 + \gamma I} - R_d \tag{2-5}$$

式中:β、γ 均为系数,其中 $\gamma = \dfrac{\alpha}{P_{max}}$;其余变量意义同上。

2.4.5　籽粒氮素的积累

籽粒氮素积累量(GNA)有两种来源:一是开花前植株营养器官所积累的

氮素向籽粒的转运,二是开花后植株对外界氮素的吸收同化(YE et al.,2013)。

氮素转运量(NT)和氮素吸收同化量(NA)分别由下式计算获得:

$$NT = PNA_{anthesis} - VNA_{maturity} \tag{2-6}$$

$$NA = GNA - NT \tag{2-7}$$

式中:GNA 为籽粒氮素积累量,kg/hm²;NT 为氮素转运量,kg/hm²;NA 为氮素吸收同化量,kg/hm²;PNA_{anthesis} 为开花时植株氮素积累量,kg/hm²;VNA_{maturity} 为成熟期营养器官氮素积累量。

2.4.6　氮素利用效率

氮肥偏生产力(NPFP,kg/kg)、氮素生理利用率(NPE,kg/kg)、氮肥农学利用效率(NAE)可分别根据式(2-8)、式(2-9)和式(2-10)计算(于飞 等,2015;SI et al., 2021)。

$$NPFP = \frac{GY}{N} \tag{2-8}$$

$$NPE = \frac{GY}{NA} \tag{2-9}$$

$$NAE = \frac{GY - GY_0}{N} \tag{2-10}$$

式中:GY 为籽粒产量,kg/hm²;GY_0 为不施氮处理籽粒产量,kg/hm²;NA 为施氮处理植株氮素积累量,kg/hm²;N 为施氮量,kg/hm²;NPFP 为单位施氮量所能产生的作物籽粒产量;NPE 为单位植株吸氮量所能产生的籽粒产量;NAE 为单位施氮量所增加的作物籽粒产量。

2.5　数据处理

本章采用 Excel 2010 进行数据基础整理,采用 SPSS(SPSS version 24.0 for windows, SPSS Inc., Chicago, IL, USA)统计分析软件对不同指标进行方差分析(ANOVA)、显著性检验以及相关性检验,线性以及非线性回归图形在 Origin 9.1 中绘制,其他图形数据均在 Excel 2010 中绘制。

第 3 章　水氮对冬小麦土壤水分
动态及耗水特征的影响

灌水和施氮均会影响土壤水分状况,一方面较高的灌水会增加土壤含水率,提高作物蒸腾和土壤蒸发(王康三,2017),另一方面施氮会通过影响作物生长来间接影响根系吸水。本章主要分析了冬小麦不同土层土壤水分动态、不同时期耗水特征以及作物耗水量来源;揭示了冬小麦各生育阶段耗水特征,为提高水分利用效率和制定科学的灌溉方案提供了理论依据和技术支撑。

3.1　冬小麦季土壤水分动态

3.1.1　0~60 cm 土层土壤水分均值动态

冬小麦 3 个生长季返青后 0~60 cm 土层土壤水分动态见图 3-1。3 个冬小麦试验季,由于灌水、降水、蒸发和蒸腾的直接影响,0~60 cm 土层土壤水分(体积含水率,全书同)的波动幅度较大。

2018—2019 季,在相同灌水条件下,对于各施氮水平,拔节之后 N0 处理的土壤水分与其他施氮处理之间的土壤水分差异逐渐增大,至成熟期各灌水水平条件下的 N0 处理的土壤水分均显著高于其他 3 个施氮处理,而其他 3 个施氮处理变化趋势基本一致。相同施氮条件下,较高的灌水量会导致较高的土壤水分,且随着灌水量的增大,0~60 cm 土层土壤水分波动幅度增大。对于 W0N3 处理可以看出,由于无灌水的影响,返青之后土壤水分呈逐渐降低趋势。而 BL 处理整体相对平稳,由于降水的存在,成熟期土壤水分反而比返青期略高。

2019—2020 季,相同灌水条件下,在返青期后,N0 处理的 0~60 cm 土壤水分均显著高于 N3 处理、N2 处理,拔节—开花阶段、开花—灌浆阶段的土壤水分下降幅度高于返青—拔节阶段。相同施氮条件下,随着灌水量的增大,返青期后土壤水分也处于较高的水平。对于 W0N3 处理,由于灌水极少,土壤水分逐渐降低,且下降速率逐渐变小,至成熟期稳定在 11% 左右。对于 BL 处理,由于无根系吸水的影响,土壤水分相对稳定,但在 5 月 17 日之后下降速率

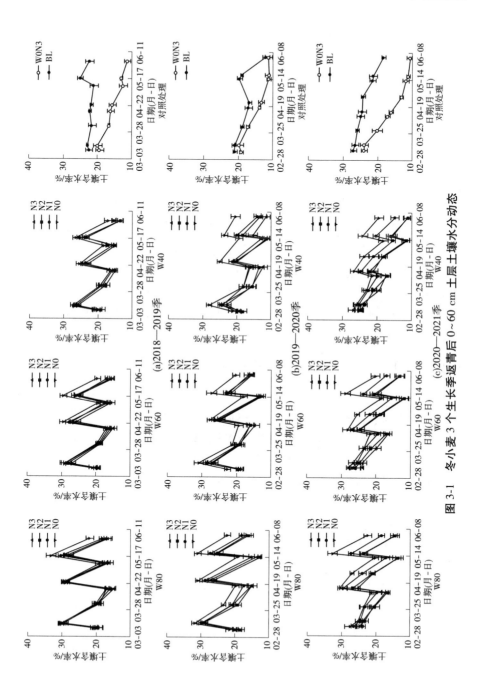

图 3-1 冬小麦 3 个生长季返青后 0~60 cm 土层土壤水分动态

较大,这是由于一方面5月17日之后仅产生了0.3 mm的降水,另一方面随着时间的推进,气温和太阳辐射逐渐增大,导致土壤蒸发量也相对增大。

2020—2021季,相同灌水条件下,返青期后各施氮水平土壤水分表现出N0>N1>N2,N2处理和N3处理之间无显著差异,整体上2020—2021季不同施氮水平的土壤水分之间的差异高于2018—2019季和2019—2020季。相同施氮条件下,由于2020—2021季返青期各处理没有灌水,拔节—开花阶段灌水后,各灌水水平处理之间才开始产生差异。对于W0N3处理,随着时间的推进,土壤水分下降速率逐渐减小,至成熟期,含水率稳定在11%左右,表明此时0~60 cm土层不能够再为蒸发蒸腾提供水分。对于BL处理,土壤水分也呈逐渐下降趋势,拔节期开始后,土壤水分下降速率高于拔节期前。

整体上,3个生长季表现出,较高的灌水量会导致较高的土壤水分,相同灌水条件下N3处理和N2处理之间没有显著差异,但成熟期不施氮处理的土壤水分显著高于其他施氮处理。随着生长季的增加,由施氮水平所造成的土壤水分之间的差异是逐渐增大的,对于极度水分亏缺处理(W0N3处理),当0~60 cm土层的土壤含水率降至约11%时,几乎不能再为根系吸水和土壤蒸发提供水分。

3.1.2 60~100 cm土层土壤水分均值动态

冬小麦3个生长季返青后60~100 cm土层土壤水分动态见图3-2。2018—2019季,相同灌溉条件下,返青期N0处理和N1处理之间差异不显著,但N0处理土壤水分均高于N2处理和N3处理,至4月下旬和成熟期,N0处理的土壤水分均显著高于其他施氮处理。相同施氮水平条件下,灌水后较高的灌水水平导致较高的土壤水分。从整体上看,各灌水水平,成熟期土壤水分均显著低于返青期灌水前。对于W0N3处理,在成熟期前土壤水分下降速率逐渐增大,且在拔节—开花阶段(4月23日至5月11日),W0N3处理的下降速率高于其他灌水处理。开花—成熟阶段土壤水分几乎稳定在11.5%左右,不能再为作物根系提供水分。

2019—2020季,由于受到前季节夏玉米试验处理的影响,相同灌溉水平条件下的不同施氮水平,土壤水分呈现出N0>N1>N2,N2处理和N3处理各阶段土壤水分均无明显差异。从4月中旬开始,N0处理与其他处理之间的差异开始增大。而N1处理从4月下旬开始与N2处理和N3处理间的差异逐渐增大,至成熟期土壤水分大小排序表现为N0>N1>N2,N3处理和N2处理间无明显差异。相同施氮条件下,较高的灌水水平导致较高的土壤水分,4月中旬至

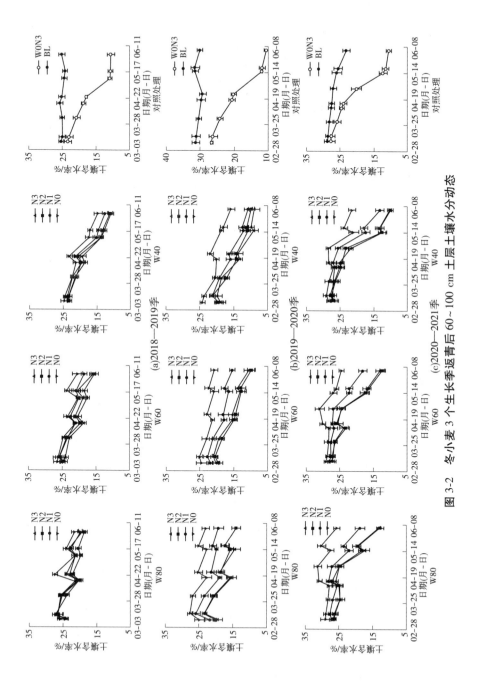

图 3-2 冬小麦 3 个生长季返青后 60~100 cm 土层土壤水分动态

5月中旬,W40处理的土壤水分消耗速率明显高于W80处理和W60处理,5月中旬之后由于W40处理灌水条件下的N3处理和N2处理土壤水分极低,对根系产生水分胁迫,其水分消耗速率反而低于W80处理和W60处理。对于W0N3处理,返青后土壤水分呈逐渐下降的趋势,开花—灌浆阶段土壤水分下降速率最大,开花—成熟阶段土壤水分相对稳定在11%左右。

2020—2021季,相同灌水条件下,返青期N0处理明显高于其他施氮处理,表明从出苗—返青阶段,施氮水平已经对60～100 cm土层水分产生影响。4月中旬开始,60～100 cm土层土壤水分下降速率高于4月中旬之前,由施氮水平造成的土壤水分之间的差异逐渐增大,但N2处理和N3处理之间土壤水分变化无显著差异。相同施氮条件下,4月下旬开始,W40处理的土壤水分消耗速率明显高于W80处理和W60处理。对于W0N3处理,可以看出,从返青期至5月中旬,土壤水分逐渐下降,且下降速率逐渐增大,而5月中旬之后,由于土壤水分较低,几乎不能再为作物根系吸收提供水分,土壤水分稳定在11%左右。对于BL处理,其变化相对平缓,但也呈逐渐降低趋势,且下降速率逐渐增大。

整体上,3个生长季均表现出与0～60 cm土层相比60～100 cm土层土壤水分波动幅度小。相同灌水条件下,成熟期N0处理的土壤水分显著高于其他施氮处理,而N3处理和N2处理之间土壤水分均无显著性差异。同时随着生长季的增加,由施氮水平所造成的土壤水分之间的差异逐渐增大。成熟期各种植作物条件下的60～100 cm土壤水分均显著低于返青期灌水前(2019—2020季及W80N3处理除外),当60～100 cm土层降至约11%时,几乎不能再为根系吸水提供水分,与W80处理的灌水条件相比,较低的灌水量(W40处理和W0处理)会导致4月中旬后60～100 cm土层的耗水速率增大。

3.1.3 100～140 cm土层土壤水分均值动态

冬小麦3个生长季返青后100～140 cm土层土壤水分动态见图3-3,2018—2019季和2019—2020季,100～140 cm土层土壤水分波动幅度较小,2020—2021季变化幅度相对较大。2018—2019季和2019—2020季,返青期后100～140 cm土层始终处于较低的水平,整个生育期变化范围在8%～12%,导致根系不能吸收该层土壤水分,故保持相对稳定。对于BL处理,由于无根系吸水的存在,且土层越深,受降水影响也越小,土壤水分相对平稳。2020—2021季,100～140 cm土层土壤初始含水率较高,各处理间无显著性差异,相同灌水条件下,各施氮水平在返青—拔节阶段的土壤水分均无显著差异;从4

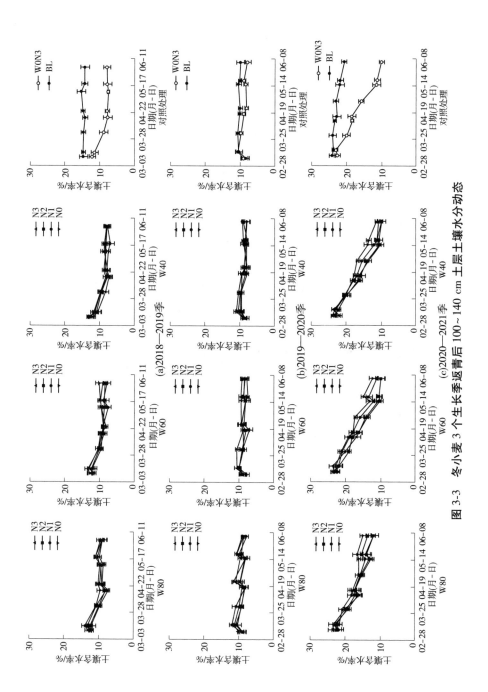

图 3-3　冬小麦 3 个生长季返青后 100~140 cm 土层土壤水分动态

月中旬之后,施氮水平开始对 100~140 cm 土层土壤水分变化产生影响,除个别时期外,土壤水分表现为 N0>N1>N2,而 N2 处理和 N3 处理之间无显著差异。相同施氮条件下,在 4 月中旬之后,总体上,较高的灌水量会导致较高的土壤水分。对于 W0N3 处理,土壤水分在 4 月下旬之前呈逐渐下降趋势,5 月中旬后,由于土壤水分极低,对根系产生胁迫,土壤水分下降速率减缓。对于 BL 处理,由于无根系吸水的存在,且土层较深,受降水影响也较小,土壤水分相对保持平稳。

3.1.4　0~140 cm 土层土壤水分均值动态

冬小麦 3 个生长季返青后 0~140 cm 土层土壤水分均值动态见图 3-4。3 个生长季,相同灌水条件下,N0 处理均显著高于其他施氮处理,且随着生长季的增加,由施氮水平造成的土壤水分之间的差异逐渐增大,而 N2 处理和 N3 处理之间始终没有表现出显著差异。相同施氮条件下,较低的灌水水平会导致成熟期较低的土壤水分,对于 W40 处理灌水条件下的 N2 处理、N3 处理,在成熟期土壤水分已极低,约为 11%。对于 W0N3 处理,3 个生长季,从返青至 5 月中旬左右,土壤水分呈逐渐降低趋势。而由于 W0N3 处理无灌水的输入,约在 5 月中旬开始至成熟期,土壤水分已经降低至几乎不能被作物根系吸收及蒸发的水平,故保持稳定在 11% 左右。对于 BL 处理,前两季 BL 处理相对平稳,而第 3 季 BL 处理在 4 月下旬之后土壤水分逐渐降低,这主要是第 3 季 4 月下旬之后降水量较少、0~60 cm 土层水分逐渐蒸发导致的。

3 年的试验期,从返青期(灌水前)开始至成熟期,所有种植作物的处理,成熟期土壤水分均低于灌水前土壤水分(除 2019—2020 季 W80N0 处理土壤水分差异较小外),这说明即使在最高的灌水水平条件下(W80 处理)冬小麦土壤水分也处于消耗状态。

3.2　冬小麦各生育阶段耗水特征

3.2.1　冬小麦各生育阶段耗水量与耗水强度

表 3-1 和表 3-2 分别为冬小麦 3 个生长季各生育阶段耗水量和耗水量方差分析结果。对于冬小麦全生育期总耗水量,灌水和施氮均产生了显著性影响($p<0.05$),但灌水和施氮的交互作用对总耗水量均无显著影响。

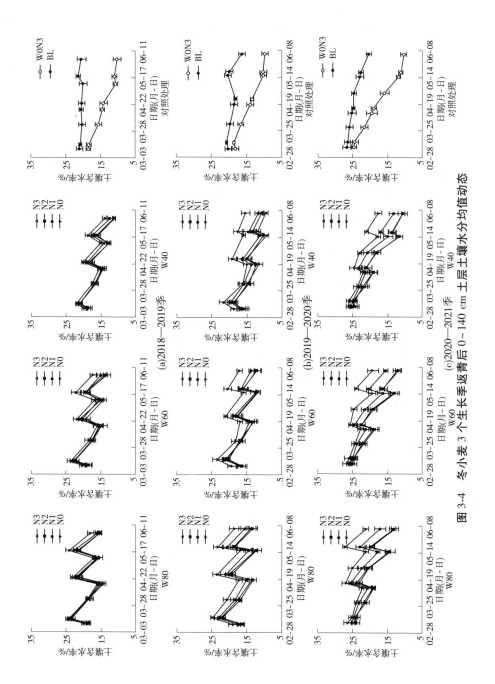

图 3-4 冬小麦 3 个生长季返青后 0~140 cm 土层土壤水分均值动态

表 3-1　冬小麦 3 个生长季各生育阶段耗水量

生长季	处理		播种—拔节		拔节—开花		开花—成熟		全生育期	
			ET/mm	ET$_d$/(mm/d)	ET/mm	ET$_d$/(mm/d)	ET/mm	ET$_d$/(mm/d)	ET/mm	ET$_d$/(mm/d)
2018—2019季	W80	N3	127.4a	0.82	142.5ab	3.65	231.1a	5.64	501.0a	2.12
		N2	123.3a	0.79	153.1a	3.93	226.1ab	5.52	502.5a	2.13
		N1	120.6a	0.77	142.6ab	3.66	230.8a	5.63	494.0ab	2.09
		N0	122.5a	0.79	128.9abcd	3.30	214.6abc	5.24	466.0cd	1.97
		AVG	123.4	0.79	141.8	3.63	225.7	5.50	490.9	2.08
	W60	N3	123.5a	0.79	135.4abc	3.47	223.6abc	5.45	482.5bc	2.04
		N2	120.7a	0.77	131.9abc	3.38	214.7abc	5.24	467.3cd	1.98
		N1	119.4a	0.77	123.9abc	3.18	208.9bcd	5.09	452.2cde	1.92
		N0	114.3a	0.73	121.2cde	3.11	186.0d	4.54	421.5ef	1.79
		AVG	119.5	0.77	128.1	3.28	208.3	5.08	455.9	1.93
	W40	N3	122.9a	0.79	114.4cdef	2.93	202.1cd	4.93	439.4e	1.86
		N2	125.9a	0.81	115.3cdef	2.96	199.7cd	4.87	440.9de	1.87
		N1	123.7a	0.79	108.5def	2.78	192.3cd	4.69	424.6ef	1.80
		N0	114.2a	0.73	102.2fg	2.62	189.3d	4.62	405.7f	1.72
		AVG	121.7	0.78	110.1	2.82	195.9	4.78	427.6	1.81
	W0	N3	124.3a	0.80	94.4f	2.42	117.3e	2.86	336.0g	1.42
	BL		92.7b	0.59	39.7h	1.02	61.3f	1.49	193.6h	0.82

续表 3-1

生长季	处理		播种—拔节		拔节—开花		开花—成熟		全生育期	
			ET/mm	ET_d/(mm/d)	ET/mm	ET_d/(mm/d)	ET/mm	ET_d/(mm/d)	ET/mm	ET_d/(mm/d)
2019—2020 季	W80	N3	134.6a	0.87	119.7ab	2.99	196.2a	4.67	450.4a	1.90
		N2	136.7a	0.88	127.1a	3.18	189.1a	4.50	452.9a	1.91
		N1	138.0a	0.89	116.5abc	2.91	183.9a	4.38	438.5a	1.85
		N0	123.4a	0.80	105.8bcd	2.64	177.0ab	4.22	406.2b	1.71
		AVG	133.2	0.86	117.3	2.93	186.6	4.44	437.0	1.84
	W60	N3	139.5a	0.90	111.9abc	2.80	157.4bc	3.75	408.9b	1.73
		N2	138.0a	0.89	109.3abcd	2.73	165.3bc	3.94	412.6b	1.74
		N1	141.2a	0.91	100.6cde	2.52	153.9cd	3.66	395.7bc	1.67
		N0	127.9a	0.82	101.1bcde	2.53	140.0cdef	3.33	368.9d	1.56
		AVG	136.6	0.88	105.7	2.64	154.2	3.67	396.5	1.67
	W40	N3	141.0a	0.91	98.8cde	2.47	141.6cde	3.37	381.5cd	1.61
		N2	138.9a	0.90	107.7abcd	2.69	139.0def	3.31	385.6cd	1.63
		N1	148.2a	0.96	92.6de	2.31	130.3ef	3.10	371.1d	1.57
		N0	133.1a	0.86	82.3e	2.06	118.5ef	2.82	333.9e	1.41
		AVG	140.3	0.91	95.3	2.38	132.4	3.15	368.0	1.55
	W0	N3	127.5b	0.82	80.5e	2.01	78.0g	1.86	286.0f	1.21
	BL		98.1c	0.63	41.5f	1.04	52.0h	1.24	191.6g	0.81

续表 3-1

生长季	处理		播种—拔节		拔节—开花		开花—成熟		全生育期	
			ET/mm	ET$_d$/(mm/d)	ET/mm	ET$_d$/(mm/d)	ET/mm	ET$_d$/(mm/d)	ET/mm	ET$_d$/(mm/d)
2020—2021 季	W80	N3	158.4a	1.02	161.3ab	3.58	186.5ab	5.18	506.2a	2.14
		N2	156.5a	1.00	161.0ab	3.58	191.2a	5.31	508.8a	2.15
		N1	148.8abc	0.95	143.9bc	3.20	161.6bcd	4.49	454.3cd	1.92
		N0	144.8abc	0.93	110.2de	2.45	141.8def	3.94	396.8f	1.67
		AVG	152.1	0.98	144.1	3.20	170.3	4.73	466.5	1.97
	W60	N3	152.8ab	0.98	162.2ab	3.61	167.5bc	4.65	482.5b	2.04
		N2	153.3ab	0.98	167.4a	3.72	165.4bc	4.60	486.2ab	2.05
		N1	146.0abc	0.94	139.2c	3.09	149.7cde	4.16	434.9de	1.83
		N0	134.0bc	0.86	106.9e	2.38	139.7ef	3.88	380.6fg	1.61
		AVG	146.5	0.94	143.9	3.20	155.6	4.32	446.1	1.88
	W40	N3	146.6abc	0.94	165.7a	3.68	153.5cde	4.26	465.9bc	1.97
		N2	156.9a	1.01	151.7abc	3.37	158.6cde	4.41	467.3e	1.97
		N1	144.6abc	0.93	131.8cd	2.93	150.3cdef	4.18	426.7bc	1.80
		N0	135.2bc	0.87	108.6e	2.41	121.9f	3.39	365.8g	1.54
		AVG	145.8	0.93	139.5	3.10	146.1	4.06	431.4	1.82
	W0	N3	152.0ab	0.97	151.8abc	3.37	84.7g	1.69	388.5fg	1.64
	BL		130.3c	0.84	51.0f	1.13	67.2g	1.34	248.4h	1.05

注:ET 代表蒸发蒸腾量,即作物耗水量;ET$_d$ 代表耗水强度;AVG 为算数平均值;同一列内同一年的数据后不同小写字母表示处理之间差异达 5%显著水平。

表 3-2　冬小麦 3 个生长季各生育阶段耗水量方差分析(p 值)

生长季	因子	播种—拔节	拔节—开花	开花—成熟	全生育期
2018—2019 季	W	NS	0	0	0
	N	NS	NS	0.038	0.023
	W×N	NS	NS	NS	NS
2019—2020 季	W	NS	0	0	0
	N	NS	NS	0.041	0.008
	W×N	NS	NS	NS	NS
2020—2021 季	W	NS	NS	0	0
	N	0.042	0	0	0
	W×N	NS	NS	NS	NS

注:W 代表灌水水平处理;N 代表施氮水平处理;W×N 代表交互作用;NS 代表 $p > 0.05$,差异不显著。

对于播种—拔节阶段,其持续时间较长,3 个生长季平均持续约 155 d,但由于其叶面积指数和根系生长指标都处于较小的阶段,太阳辐射强度低,此阶段耗水强度较低。2018—2019 季,各施氮水平处理以及各灌水水平处理之间(BL 除外)均无显著性差异,各处理耗水强度在 0.73~0.82 mm/d。2019—2020 季,播种—拔节阶段,相同灌水条件下各施氮水平处理之间均无显著性差异,但其他施氮处理均高于 N0 处理;灌水水平处理对该阶段耗水量无显著性影响;除 BL 处理外,各处理耗水强度在 0.80~0.96 mm/d。2020—2021 季,播种—拔节阶段,尽管施氮水平处理仅在 W40 灌水条件下产生了显著性差异,但在各灌水条件下其耗水量表现为 N2>N1>N0,灌水水平处理对耗水量无显著性影响。3 个生长季,灌水水平处理对播种—拔节阶段耗水量均无显著性影响,而施氮水平处理仅在 2020—2021 季产生了显著性影响。

对于拔节—开花阶段,随着太阳辐射强度的逐渐增大,小麦根系及叶面积快速增长,蒸腾量也快速增大,耗水强度快速增大。3 个生长季均表现出较高的灌水量导致较高的耗水强度。2018—2019 季,相同灌水条件下,施氮水平处理均没有对耗水量产生显著影响,但其他施氮处理均高于 N0 处理;相同施氮条件下,均表现出了较高的灌水量会导致较高的耗水量;除 BL 处理和 W0N3 处理外,W80 处理、W60 处理、W40 处理灌水条件下的耗水强度均值分别为 3.63 mm/d、3.28 mm/d、2.82 mm/d,N3 处理、N2 处理、N1 处理、N0 处理施氮条件下(不含 W0N3 处理)的耗水强度均值分别为 3.35 mm/d、3.42

mm/d、3. 20 mm/d、3. 01 mm/d。2019—2020 季,相同灌溉条件下各施氮水平处理对耗水量均无显著影响,但 N3 处理和 N2 处理的耗水量均高于 N1 处理和 N0 处理的耗水量;灌水水平处理对该阶段耗水量产生了极显著影响,较高的灌水量会导致较高的耗水量;除 BL 处理和 W0N3 处理外,W80 处理、W60处理、W40 处理灌水条件下的耗水强度均值分别为 2. 93 mm/d、2. 64 mm/d、2. 38 mm/d,N3 处理、N2 处理、N1 处理、N0 处理施氮条件下(不含 W0N3 处理)的耗水强度均值分别为 2. 75 mm/d、2. 87 mm/d、2. 58 mm/d、2. 41 mm/d。2020—2021 季,由于返青—拔节阶段没有进行灌水,故灌水水平处理对该阶段耗水量无显著影响,而施氮处理对耗水量影响极显著,除 BL 处理和 W0N3处理外,W80 处理、W60 处理、W40 处理灌水条件下的耗水强度均值分别为3. 20 mm/d、3. 20 mm/d、3. 10 mm/d,N3 处理、N2 处理、N1 处理、N0 处理施氮条件下(不计算 W0N3 处理)的耗水强度均值分别为 3. 62 mm/d、3. 56 mm/d、3. 07 mm/d、2. 41 mm/d。对于 N3 处理和 N2 处理,2020—2021 季耗水强度较前两季大。

　　开花—成熟阶段,冬小麦开花后进入生殖生长阶段,此阶段也是小麦需水的关键期,此阶段耗水强度相较拔节—开花阶段进一步增大,3 个生长季均表现出较高的灌水量会导致较高的耗水强度。2018—2019 季,灌水和施氮水平处理对耗水量均产生了显著性影响,除 BL 处理和 W0N3 处理外,W80 处理、W60 处理、W40 处理灌水条件下的耗水强度均值分别为 5. 50 mm/d、5. 08 mm/d、4. 78 mm/d,N3 处理、N2 处理、N1 处理、N0 处理施氮条件下(不含W0N3 处理)的耗水强度均值分别为 5. 34 mm/d、5. 21 mm/d、5. 14 mm/d、4. 80 mm/d。2019—2020 季,灌水和施氮水平处理对耗水量同样均产生了显著影响,W80 处理、W60 处理、W40 处理灌水条件下的耗水强度均值分别为4. 44 mm/d、3. 67 mm/d、3. 15 mm/d,各灌水条件下 N3 处理、N2 处理、N1 处理、N0 处理(不含 W0N3 处理)耗水强度均值分别为 3. 93 mm/d、3. 92 mm/d、3. 71 mm/d、3. 46 mm/d。2020—2021 季,灌水和施氮水平处理对耗水量均产生了极显著性影响,W80 处理、W60 处理、W40 处理灌水条件下的耗水强度均值分别为 4. 73 mm/d、4. 32 mm/d、4. 06 mm/d,N3 处理、N2 处理、N1 处理、N0处理(不含 W0N3 处理)的耗水强度均值分别为 4. 70 mm/d、4. 77 mm/d、4. 27 mm/d、3. 74 mm/d;对于 N3 处理和 N2 处理,2020—2021 季耗水强度较2018—2019 季小,较 2019—2020 季大。

3.2.2　冬小麦全生育期总耗水量及其来源

表 3-3 为冬小麦 3 个生长季农田耗水总量及其水分来源。2018—2019 季,N3 处理、N2 处理、N1 处理、N0 处理施氮条件下(不计算 W0N3 处理)的全生育期耗水量均值分别为 474.3 mm、470.2 mm、456.9 mm、431.1 mm,N3 处理、N2 处理、N1 处理分别比 N0 处理高 10.03%、9.10%、6.00%,其中 N3 处理和 N2 处理之间无显著性差异。W80 处理、W60 处理、W40 处理灌水条件下的全生育期耗水量均值分别为 537.8 mm、500.3 mm、474.6 mm。

表 3-3　冬小麦 3 个生长季农田耗水总量及其水分来源

生长季	处理		总耗水量/mm	有效降水		灌水		土壤水分变化	
				有效降水量/mm	占总耗水量比例/%	灌水量/mm	占总耗水量比例/%	数量/mm	占总耗水量比例/%
2018—2019 季	W80	N3	501.0a	146.7	29.3h	300	59.9b	54.3fg	10.8g
		N2	502.5a	146.7	29.2h	300	59.7b	55.8fg	11.1g
		N1	494.0ab	146.7	29.7gh	300	60.7b	47.3gh	9.6gh
		N0	466.0cd	146.7	31.5ef	300	64.4a	19.3i	4.1i
	W60	N3	482.5bc	146.7	30.4fg	240	49.7d	95.8cd	19.9e
		N2	467.3cd	146.7	31.4ef	240	51.4d	80.6de	17.3e
		N1	452.2cde	146.7	32.4def	240	53.1cd	65.5def	14.5f
		N0	421.5ef	146.7	34.8cd	240	56.9c	34.8fh	8.2h
	W40	N3	439.4e	146.7	33.4d	180	41.0f	112.7ab	25.7b
		N2	440.9de	146.7	33.3de	180	40.8f	114.2ab	25.9b
		N1	424.6ef	146.7	34.6cd	180	42.4ef	97.9bc	23.1c
		N0	405.7f	146.7	36.2c	180	44.4e	79.0cde	19.5d
	W0	N3	336.0g	146.7	43.7b	70	20.8h	119.3a	35.5a
	BL		193.6h	146.7	75.8a	70	36.2g	−23.1j	−11.9j

续表 3-3

生长季	处理		总耗水量/mm	有效降水		灌水		土壤水分变化	
				有效降水量/mm	占总耗水量比例/%	灌水量/mm	占总耗水量比例/%	数量/mm	占总耗水量比例/%
2019—2020 季	W80	N3	450.4a	130.4	29.0h	300	66.6b	20.0de	4.4g
		N2	452.9a	130.4	28.8h	300	66.2b	22.5de	5.0fg
		N1	438.5a	130.4	29.7h	300	68.4b	8.1ef	1.8h
		N0	406.2b	130.4	32.1g	300	73.9a	−24.2g	−6.0j
	W60	N3	408.9b	130.4	31.9h	240	58.7c	38.5c	9.4d
		N2	412.6b	130.4	31.6g	240	58.2c	42.2c	10.2d
		N1	395.7bc	130.4	33.0fg	240	60.6c	25.3cd	6.4ef
		N0	368.9d	130.4	35.3e	240	65.1b	−1.5f	−0.4i
	W40	N3	381.5cd	130.4	34.2ef	180	47.2e	71.1b	18.6b
		N2	385.6cd	130.4	33.8ef	180	46.7e	75.2b	19.5b
		N1	371.1d	130.4	35.1e	180	48.5e	60.7b	16.4c
		N0	333.9e	130.4	39.1f	180	53.9d	23.5de	7.0e
	W0	N3	286.0f	130.4	45.6c	70	24.5g	85.6a	29.9a
	BL		191.6g	130.4	68.1b	70	36.5f	−8.8f	−4.6 hi
2020—2021 季	W80	N3	506.2a	200.5	39.6h	220	43.5c	85.7d	16.9e
		N2	508.8a	200.5	39.4h	220	43.2c	88.3c	17.4e
		N1	454.3cd	200.5	44.1e	220	48.4b	33.8f	7.4g
		N0	396.8f	200.5	50.5	220	55.4a	−23.7h	−6.0j
	W60	N3	482.5b	200.5	41.6	180	37.3d	102.0b	21.1c
		N2	486.2ab	200.5	41.2	180	37.0d	105.7b	21.7c
		N1	434.9de	200.5	46.1	180	41.4c	54.4e	12.5f
		N0	380.6fg	200.5	52.7	180	47.3b	0.1g	0h
	W40	N3	465.9bc	200.5	43.0	140	30.1	125.4a	26.9b
		N2	467.3e	200.5	42.9	140	30.0f	126.8a	27.1b
		N1	426.7bc	200.5	47.0	140	32.8e	86.2d	20.2d
		N0	365.8g	200.5	54.8	140	38.3d	25.3f	6.9g
	W0	N3	388.5fg	200.5	51.6	70	18.0g	118.0a	30.4a
	BL		248.4h	200.5	80.7	70	28.2f	−22.1gh	−8.9i

注：同一列内同一年的数据后不同小写字母表示处理之间差异达 5% 显著水平。

2019—2020 季,N3 处理、N2 处理、N1 处理、N0 处理施氮水平条件下(不计算 W0N3 处理)的全生育期耗水量均值分别为 413.6 mm、417.0 mm、401.8 mm、369.7 mm,相比 2018—2019 季各处理全生育期耗水量较低,该季 N3 处理、N2 处理、N1 处理总耗水量均值分别比 N0 处理高 11.88%、12.81%、8.68%,由此可见,相比上一季,其他施氮处理与 N0 处理之间的差异是增大的,其中 N3 处理和 N2 处理之间无显著性差异。W80 处理、W60 处理、W40 处理灌水条件下的全生育期耗水量均值分别为 469.8 mm、428.1 mm、399.6 mm。

2020—2021 季,N3 处理、N2 处理、N1 处理、N0 处理施氮水平条件下(不计算 W0N3 处理)的全生育期耗水量均值分别为 484.9 mm、487.4 mm、438.6 mm、381.1 mm,N3 处理、N2 处理、N1 处理分别比 N0 处理高 27.23%、27.90%、15.10%,相比前两季,该季施氮处理与 N0 处理之间的差异均较大。W80 处理、W60 处理、W40 处理灌水条件下的全生育期耗水量均值分别为 466.5 mm、446.1 mm、431.4 mm。

对于各处理全生育期耗水量来源,由表 3-3 可知,当施氮水平处理造成耗水量减小时,相应的土壤水分变化所占耗水来源的比例就减小。2018—2019 季,W80 处理、W60 处理、W40 处理灌水量占耗水来源比例均值分别为 61.2%、52.8%、42.2%,各灌水处理(不考虑 W0 处理),表现出灌水量占耗水来源比例最大。2019—2020 季,W80 处理、W60 处理、W40 处理灌水量占耗水来源比例均值分别为 68.8%、60.7%、49.1%,各处理灌水量占耗水来源比例均最大,这主要是该季降水量相对于上一季较小导致的。2020—2021 季,W80 处理、W60 处理、W40 处理灌水量占耗水来源比例均值分别为 47.6%、40.8%、32.8%。整体上看,3 个生长季除个别 N0 处理外,经过冬小麦季土壤储水量是减少的。

3.3　讨　论

3.3.1　冬小麦土壤水分动态

有研究表明,冬小麦根系吸水层主要集中在 0~60 cm 土层(Guo et al., 2019;赛力汗·赛, 2018),结合本试验的观测,本研究将土壤水分土层分为 0~60 cm、60~100 cm 和 100~140 cm 进行分层研究。杨明达(2021)研究表明,冬小麦作物根系会优先吸收上层(20~50 cm)土壤水分,随着上层储水量

的减少,土壤可利用水的降低致使上层根系吸水速率逐渐降低。Shao 等
(2009)认为,当土壤水分条件较好时,土壤上层根系对水分的吸收起主导作
用,当表层土壤干旱时,作物会吸收下层土壤水分来满足植株生长需求,这与
本研究的结论相似。

　　对于冬小麦季 60~100 cm 土层,3 年的生长季可以明显观测到,4 月下旬
至 5 月上旬 W0 处理和 W40 处理土壤水分消耗速率高于 W80 处理和 W60 处
理(除土壤水分极低以致无法再从土壤吸取水分外,表现出水分消耗速率急
速减慢或停止),这也表明了 0~60 cm 土层土壤水分不足时,60~100 cm 土层
耗水速率会快速增大。

3.3.2　冬小麦耗水量与耗水强度

　　灌水和施氮可以调节冬小麦不同生长阶段的耗水量,普遍认为增加施氮
量和灌水量会提高作物耗水量(Si et al., 2020; Bandyopadhyay et al., 2003;
Dar et al., 2017),增加灌水量一方面会提高土壤水分含量,导致较高的土壤
蒸发;另一方面较低的灌水量会导致水分亏缺,造成 LAI 和气孔导度降低,以
致蒸腾量降低。改变施氮量可以改变作物冠层结构,进而改变根系吸水状态,
从而影响作物耗水量。Xu 等(2018)和 Zhang 等(2011)研究认为,在华北地
区传统地面灌条件下,冬小麦全生育期耗水量约为 450 mm。陈博等(2012)
研究表明,华北平原近 50 年冬小麦平均耗水量约为 430 mm,其中冬小麦蒸腾
量占总耗水量的 51%。本次试验研究发现,在 3 个灌水水平条件下,2018—
2019 季、2019—2020 季、2020—2021 季各冬小麦全生育期耗水量分别在
406~502 mm、334~453 mm、366~508 mm。

　　本书系统研究了灌水和施氮对不同生长阶段冬小麦水分消耗的影响,在
一定范围内增加灌水显著增加了冬小麦的水分消耗,在一定范围内增加施氮
同样也增加了冬小麦耗水量,这与前人的研究结果一致(林祥, 2020; Si et
al., 2020; Bandyopadhyay et al., 2003; Dar et al., 2017)。对于施氮水平处
理对冬小麦耗水量的影响,本次试验研究还发现,随着生长季的增加,由施氮
水平处理造成的耗水差异是逐渐增大的,这一方面是由于氮肥亏缺处理(N1
处理和 N0 处理)随着试验季的推进对土壤氮素的消耗不断增加,造成土壤基
础氮素逐渐降低;另一方面是由于低氮处理可能引起一系列其他土壤结构、化
学、生物性状改变(Wang et al., 2022; 陈琳, 2014; 庞党伟 等, 2016; 梁国鹏
等, 2016; 孙洪昌, 2022)(详见 5.6.1 节)。

　　本书研究发现对于冬小麦耗水强度在苗期—拔节阶段最小,在拔节—开

花阶段相对成倍增大,在开花—成熟阶段最大,这与司转运(2020)的研究结果相似。在水氮充足的条件下(W80N3 处理),各处理开花—成熟阶段耗水强度差异较大,2018—2019 季最高可达 5.64 mm/d,而 2019—2020 季相对较低为 4.67 mm/d,2020—2021 季为 5.18 mm/d,表现为 2018—2019 季最大,这主要是 2018—2019 季开花—成熟阶段有效降水量较大(为 63.1 mm)导致的,而同期 2019—2020 季仅为 25.8 mm。3 个生长季各灌水条件下,N3 处理和 N2 处理耗水量无显著差异。

3.3.3　冬小麦耗水来源

作物耗水量主要源自于降水、灌溉、土壤储水,提高土壤储水量是减少灌溉用水量、降低作物总耗水量的关键(Li et al. , 2021;Zhang et al. , 2021)。本书研究结果表明冬小麦季增加灌水量则会增加耗水量,降低了降水和土壤储水变化量所占总耗水量的比例。对于冬小麦,随着施氮量的增大,降水量和灌水量占作物耗水量的比例呈下降趋势,而土壤水分变化量占作物耗水量呈增大的趋势,这和 Ye 等(2022)研究结论相似,是由于较高的施氮量促进了作物生长发育,特别是叶面积指数的增大,导致蒸发蒸腾量增大。

3.4　小　结

(1)冬小麦均会优先利用上层(0~60 cm)土壤水分,在上层土壤水分不足的时候,下层(60~140 cm)土层耗水速率均会加大。

(2)氮素亏缺均会显著降低 0~60 cm 和 60~100 cm 土层土壤水分消耗,但在冬小麦拔节后,氮素亏缺对 60~100 cm 土层的土壤水分影响相对较大,且当 0~60 cm 土层土壤水分降低至一定程度时,同样会导致 60~140 cm 土层土壤水消耗速率增大。在各灌水处理下,除部分 N0 施氮水平处理外,冬小麦全生育期土壤储水量均呈消耗状态。

(3)在无氮素亏缺(N3 处理和 N2 处理)时,W80 处理灌水条件下 3 个生长季总耗水量均值为 487.0 mm,W60 处理条件下为 456.7 mm,W40 处理条件下为 430.1 mm。

(4)对于冬小麦季,3 个生长季各处理成熟期土壤水分均低于返青—拔节阶段灌水前的土壤水分。而从全生育期看,除个别灌水条件下的 N0 施氮水平处理外,其他灌水施氮水平处理条件下全生育期土壤水分也均表现为消耗状态。

第 4 章　水氮对冬小麦各生育期
土壤氮素分布的影响

　　土壤中的硝态氮和铵态氮是最易被植物吸收利用的两种氮素,灌水和施氮均会影响土壤氮素的分布,一方面土壤氮素会随着土壤水分迁移,另一方面土壤水分的变化也间接影响了土壤氮素转化的环境。本章通过分析不同灌水施氮条件下的冬小麦季土壤硝态氮和铵态氮的分布状况,探明了土壤硝态氮与铵态氮年际间与生育期内的分布与变化状况,阐明了施氮量对土壤硝态氮与铵态氮比例关系的影响,可为分析作物生长、产量以及作物氮素利用特征提供理论数据支撑,为区域制定科学的灌水施氮方案提供依据。

4.1　冬小麦季各生育期土壤硝态氮分布

4.1.1　返青—拔节中期土壤硝态氮分布

　　冬小麦 3 个生长季返青—拔节中期(灌水前)0~140 cm 土层土壤硝态氮分布如图 4-1 所示。由于冬小麦从出苗到越冬再到分蘖消耗了部分土壤氮素,故返青—拔节中期硝态氮含量处于较低的水平。相同施氮水平条件下,各灌水水平处理对 0~140 cm 土层硝态氮含量均值影响不大,而各灌水水平条件下,随着施氮量的增加,土壤硝态氮含量呈增加趋势。

　　2018—2019 季返青—拔节中期,由于返青前各处理灌水相同,故各处理土壤硝态氮变化趋势基本相似,W80 处理、W60 处理、W40 处理灌水水平下的0~140 cm 土层土壤硝态氮含量均值分别为 7. 18 mg/kg、6. 62 mg/kg、6. 44 mg/kg。各处理土壤硝态氮分布呈“S”形。相同灌水水平处理条件下,随着施氮量的增加,土壤硝态氮含量也逐渐增大。在 0~60 cm 土层,随着土壤深度的增加,硝态氮含量呈逐渐降低趋势。对于 60~120 cm 土层,除 N0 处理外,随土壤深度增加,硝态氮含量呈逐渐增大趋势。120~140 cm 土层,硝态氮含量又比 100~120 cm 土层略微降低。N3 处理、N2 处理、N1 处理、N0 处理施氮条件下 0~140 cm 土层硝态氮含量均值分别为 10. 66 mg/kg、8. 63 mg/kg、5. 66 mg/kg、2. 03 mg/kg。

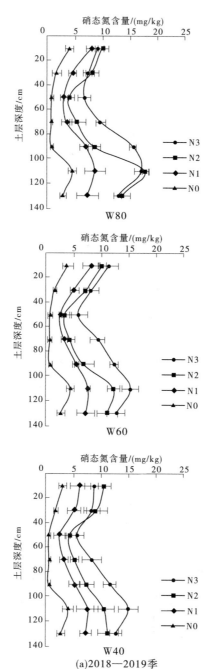

(a)2018—2019季

图 4-1　冬小麦 3 个生长季返青—拔节中期 0~140 cm 土层土壤硝态氮分布

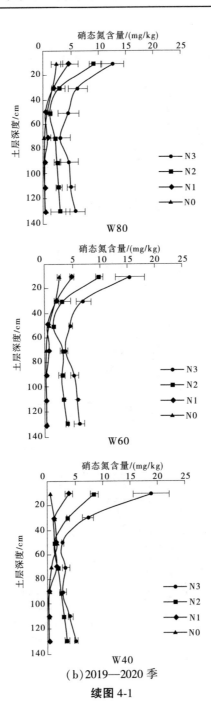

(b) 2019—2020 季

续图 4-1

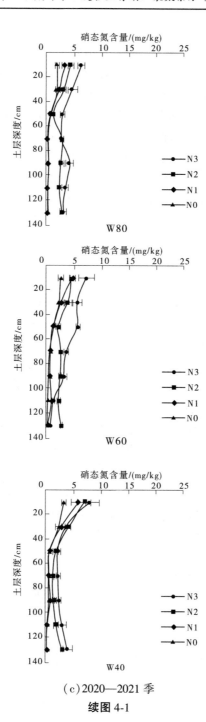

（c）2020—2021 季

续图 4-1

2019—2020 季返青—拔节中期，各处理硝态氮含量水平总体上低于 2018—2019 季。W80 处理、W60 处理、W40 处理灌水水平的 0~140 cm 土层土壤硝态氮含量均值分别为 2.84 mg/kg、3.29 mg/kg、2.83 mg/kg，灌水水平处理对 0~140 cm 土层土壤硝态氮含量均值影响不明显；相同灌水水平处理下，0~140 cm 土层硝态氮含量均值均表现出随施氮量的增大而增大，N3 处理、N2 处理、N1 处理、N0 处理施氮条件下，0~140 cm 土层硝态氮含量均值分别为 6.39 mg/kg、3.61 mg/kg、1.23 mg/kg、0.73 mg/kg。各灌水条件下，除 N0 处理外，各处理各土层硝态氮含量最大值均出现在 0~20 cm 土层，W80 处理条件下，N3 处理、N2 处理、N1 处理、N0 处理，0~40 cm 土层硝态氮含量占 0~140 cm 土层硝态氮含量的比例分别为 45.2%、52.0%、76.7%、76.0%，W60 处理条件下分别为 46.6%、46.7%、78.1%、76.7%，W40 处理条件下分别为 59.7%、51.8%、60.6%、38.0%。

对于各灌水条件下的 N3 处理和 N2 处理，0~40 cm 土层土壤硝态氮含量随土壤深度增加其下降速率较快，40~140 cm 土层土壤硝态氮含量变化幅度相对较小，其最小值均出现在 40~60 cm 土层，至 60~140 cm 土层土壤硝态氮含量有略微上升的趋势。对各灌水条件下的 N1 处理和 N0 处理，土壤硝态氮含量差异主要体现在 0~20 cm 土层，20~140 cm 土层 N1 处理和 N0 处理变化趋势基本一致，且差异不明显。N0 处理随土壤深度变化幅度较小，3 个灌水条件下的 N0 处理各土层硝态氮含量变化范围为 0.15~2.53 mg/kg。

2020—2021 季返青—拔节中期，各处理硝态氮含量水平总体上低于 2018—2019 季和 2019—2020 季。该生长季土壤硝态氮含量随土壤深度的波动幅度也较小，这可能是 2020—2021 季夏玉米季大量降水导致土壤氮素淋失导致的。W80 处理、W60 处理、W40 处理灌水水平下的 0~140 cm 土层土壤硝态氮含量均值分别为 2.17 mg/kg、2.38 mg/kg、2.26 mg/kg，灌水水平处理对 0~140 cm 土层土壤硝态氮含量均值影响不明显；各灌水水平处理下，0~140 cm 土层硝态氮含量均值均表现出随施氮量的增大而增大，N3 处理、N2 处理、N1 处理、N0 处理施氮条件下，0~140 cm 土层硝态氮含量均值分别为 3.78 mg/kg、2.91 mg/kg、1.43 mg/kg、0.97 mg/kg。各处理下各土层硝态氮含量最大值均出现在 0~20 cm 土层；W80 条件下，N3 处理、N2 处理、N1 处理、N0 处理，0~40 cm 土层硝态氮含量占 0~140 cm 土层硝态氮含量的比例分别为 69.0%、64.4%、66.9%、58.3%，W60 处理条件下分别为 67.6%、58.4%、48.5%、44.7%，W40 处理条件下分别为 73.5%、77.5%、74.6%、55.7%。对于 N3 处理、N2 处理、N1 处理，在 0~60 cm 土层，土壤硝态氮含量呈逐渐降低趋势,在 60~140 cm 土层土壤硝态氮含量变化幅度较小。对于 N0 处理和 N1 处理,在 80~140 cm 土层内,各土层土壤硝态氮含量均小于 0.1 mg/kg。

整体上,该阶段 N3 处理和 N2 处理 0~140 cm 土层硝态氮含量随着生长季的增加而逐渐减小。而对于 N1 处理和 N0 处理,从第 1 季至第 2 季土壤硝态氮大量降低,而从第 2 季至第 3 季土壤硝态氮含量变化较小。3 个生长季 0~60 cm 土层硝态氮含量均随着土壤深度的增加而降低,对于 60~140 cm 土层,2018—2019 季在 100~120 cm 处又出现一个峰值,而在 2019—2020 季和 2020—2021 季,各处理均处于较低的水平(均不超 5 mg/kg)。

4.1.2　开花期土壤硝态氮分布

冬小麦 3 个生长季开花期 0~140 cm 土层土壤硝态氮分布如图 4-2 所示。由于返青—拔节阶段冬小麦进行了追肥,故该时期 N3 处理和 N2 处理的 0~140 cm 土层的硝态氮含量均值高于返青—拔节中期。灌水水平处理对 0~140 cm 土层硝态氮含量均值影响不大,而各灌水水平条件下,随着施氮量的增加,土壤硝态氮含量呈增加趋势,2018—2019 季 0~140 cm 土层的硝态氮含量水平高于 2019—2020 季。

2018—2019 季开花期,W80 处理、W60 处理、W40 处理灌水条件下 0~140 cm 土层土壤硝态氮含量均值分别为 10.11 mg/kg、10.74 mg/kg、10.84 mg/kg,灌水水平处理对 0~140 cm 土层土壤硝态氮含量均值影响不明显;相同灌水水平处理下,0~140 cm 土层硝态氮含量均值均表现出随施氮量的增大而增大,N3 处理、N2 处理、N1 处理、N0 处理施氮条件下,0~140 cm 土层硝态氮含量均值分别为 17.25 mg/kg、13.31 mg/kg、8.20 mg/kg、3.52 mg/kg。相同施氮水平条件下,在 0~40 cm 土层内土壤硝态氮含量随着灌水量的增大而减小,表明较大的灌水量会导致表层土壤氮素向下迁移。相同灌水条件下,除 N0 处理和 N1 处理外,各处理各土层硝态氮含量最大值均出现在 0~40 cm 土层,W80 处理条件下,N3 处理、N2 处理、N1 处理、N0 处理的 0~40 cm 土层硝态氮含量分别占 0~140 cm 土层硝态氮总量的 39.8%、39.9%、49.4%、52.9%,W60 处理条件下分别为 45.2%、47.6%、59.9%、62.9%,W40 处理条件下分别为 50.1%、51.6%、69.3%、67.4%,表明灌水量的增大会导致 0~40 cm 土层硝态氮含量占 0~140 cm 土层的硝态氮总量的比值变小,而较大的施氮量会导致 0~40 cm 土层硝态氮含量占比变小。各灌水条件下,在 0~60 cm 土层内,N3 处理、N2 处理、N1 处理土壤硝态氮含量随着土壤深度的降低而降低。在 W80 处理和 W60 处理灌水条件下,对于各施氮水平处理,在 60~140 cm 土层内土壤硝

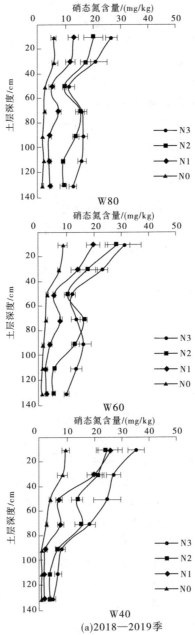

图 4-2　冬小麦 3 个生长季开花期 0~140 cm 土层土壤硝态氮分布

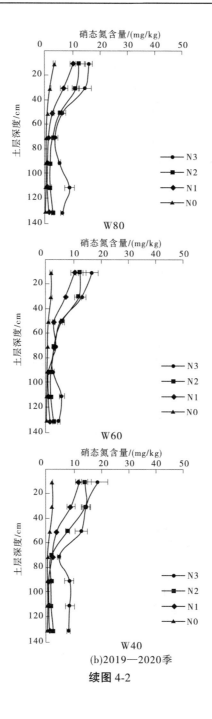

(b)2019—2020季

续图 4-2

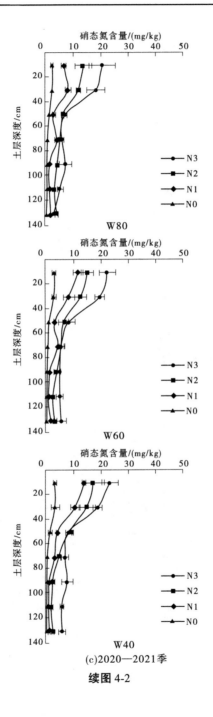

(c)2020—2021季

续图 4-2

态氮变化幅度不大。在 W40 处理灌水条件下,在 80~120 cm 土层内,N3 处理、N2 处理、N1 处理硝态氮含量随深度的增加呈逐渐降低趋势,且 W40 处理下的 120~140 cm 土层硝态氮含量低于 W80 处理和 W60 处理。

2019—2020 季开花期,土壤硝态氮含量低于 2018—2019 季,W80 处理、W60 处理、W40 处理灌水条件下,0~140 cm 土层土壤硝态氮含量均值分别为 4.70 mg/kg、4.38 mg/kg、5.43 mg/kg,灌水水平处理对 0~140 cm 土层土壤硝态氮含量均值影响不明显;各灌水水平处理下,0~140 cm 土层硝态氮含量均值均表现出随施氮量的增大而增大,N3 处理、N2 处理、N1 处理、N0 处理施氮条件下 0~140 cm 土层硝态氮含量均值分别为 8.91 mg/kg、5.77 mg/kg、3.78 mg/kg、0.91 mg/kg。相同施氮水平处理下,在 0~40 cm 土层内土壤硝态氮含量随着灌水量的增大而减小,表明较大的灌水量会导致表层土壤氮素向下迁移。除 N0 处理外,各处理硝态氮均在 0~40 cm 土层内表现出较高的含量。在 W80 处理灌水条件下,N3 处理、N2 处理、N1 处理、N0 处理下的 0~40 cm 土层硝态氮含量均值分别占 0~140 cm 土层硝态氮总量的 49.8%、60.5%、70.5%、71.4%,W60 处理条件下分别为 57.8%、61.8%、65.9%、67.1%,W40 处理条件下分别为 44.1%、65.0%、70.9%、69.1%。表明灌水量的增大会导致 0~40 cm 土层硝态氮含量占 0~140 cm 土层的硝态氮总量占比变小,而较大的施氮量会导致 0~40 cm 土层硝态氮含量占比变小。各灌水条件下,N3 处理、N2 处理、N1 处理在 0~60 cm 土层内表现出随土壤深度的增加硝态氮含量逐渐降低,80~140 cm 土层内各处理硝态氮含量随土壤深度波动幅度较小。对于 N1 处理和 N0 处理,在 80~140 cm 土层内,土壤硝态氮含量均小于 1.1 mg/kg。

2020—2021 季开花期,由于返青—拔节阶段没有进行灌水,各灌水条件下的土壤硝态氮变化趋势相似,各处理硝态氮含量低于 2018—2019 季,W80 处理、W60 处理、W40 处理灌水条件下,0~140 cm 土层土壤硝态氮含量均值分别为 5.36 mg/kg、5.74 mg/kg、6.18 mg/kg,灌水水平处理对 0~140 cm 土层土壤硝态氮含量均值影响不明显。N3 处理、N2 处理、N1 处理、N0 处理施氮条件下,0~140 cm 土层硝态氮含量均值分别为 10.25 mg/kg、7.10 mg/kg、4.40 mg/kg、1.31 mg/kg,相同灌水水平处理下,0~140 cm 土层硝态氮含量均值均表现出随施氮量的增大而增大。除 N0 处理外,各土层硝态氮含量最大值均出现在 0~20 cm 或 20~40 cm 土层,W80 处理灌水条件下,N3 处理、N2 处理、N1 处理、N0 处理的 0~40 cm 土层硝态氮含量分别占 0~140 cm 土层硝态氮含量的 57.2%、52.9%、55.2%、57.9%,W60 处理灌水条件下分别为 58.7%、

56.1%、63.9%、64.8%，W40 处理条件下分别为 54.7%、61.8%、70.3%、68.2%。对于 N3 处理、N2 处理、N1 处理，在 0~40 cm 土层内随土壤深度增加，土壤硝态氮含量呈降低的趋势（W80N1 处理除外），从 0~20 cm 至 20~40 cm 土层，土壤硝态氮含量变化幅度比 20~40 cm 至 40~100 cm 土层大，40 cm 土层以下土壤硝态氮变化无明显规律，各处理变化幅度均较小，不超过 6.0 mg/kg。

总体上，3 个生长季 0~40 cm 土层均表现出较高的含氮量，增加灌水能够促进表层土壤硝态氮向下迁移，但对 0~140 cm 土层硝态氮含量均值无显著影响。增加施氮量能够增加 0~140 cm 土层硝态氮含量，特别是 0~40 cm 土层的硝态氮含量。各灌水条件下，随着施氮量的减小，0~40 cm 土层硝态氮含量占 0~140 cm 土层的硝态氮总量的比值逐渐减小。3 个生长季，0~140 cm 土层硝态氮含量均值表现为 2018—2019 季>2019—2020 季>2020—2021 季。

4.1.3　成熟期土壤硝态氮分布

冬小麦 3 个生长季成熟期不同处理 0~140 cm 土层土壤硝态氮分布如图 4-3 所示。冬小麦开花后经过灌浆成熟过程消耗了大量的氮素，土壤硝态氮含量相对于开花期处于较低的水平。

2018—2019 季成熟期，W80 处理、W60 处理、W40 处理灌水条件下的 0~140 cm 土层土壤硝态氮含量均值分别为 6.16 mg/kg、5.69 mg/kg、5.49 mg/kg，灌水水平处理对 0~140 cm 土层土壤硝态氮含量均值影响不明显。各灌水水平处理下，0~140 cm 土层硝态氮含量均值均表现出随施氮量的增大而增大。N3 处理、N2 处理、N1 处理、N0 处理施氮条件下 0~140 cm 土层硝态氮含量均值分别为 10.07 mg/kg、6.74 mg/kg、3.66 mg/kg、2.96 mg/kg。除 W80 处理灌水水平处理外，其他灌水水平处理 0~40 cm 土层具有较高的含氮量。W80 处理灌水条件下，N3 处理、N2 处理、N1 处理、N0 处理的 0~40 cm 土层硝态氮含量分别占 0~140 cm 土层硝态氮总量的 5.9%、31.0%、41.4%、43.2%，W60 处理灌水条件下分别为 39.8%、45.5%、63.7%、68.5%，W40 处理条件下分别为 39.8%、55.6%、70.8%、83.1%。W80 处理条件下，N3 处理、N2 处理硝态氮含量随土壤深度的增加呈先减小后增大再减小再增大的趋势，第二次峰值出现在 60~80 cm 土层内，N1 处理和 N0 处理变化趋势相似且变化幅度不大；W60 处理条件下，对于 N3 处理和 N2 处理，土壤硝态氮含量随土壤深度增加而增加，第二次峰值出现在 40~60 cm 土层内，对于 N1 处理和 N0 处理，其变化趋势基本一致；W40 处理条件下，N3 处理和 N2 处理整体上呈逐渐减小的趋势，对于 N1 和 N0 处理，N1 处理硝态氮含量仅在 0~40 cm 土层略高于 N0 处理。

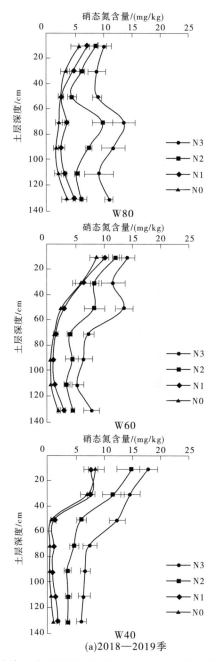

(a)2018—2019季

图 4-3　冬小麦 3 个生长季成熟期 0~140 cm 土层土壤硝态氮分布

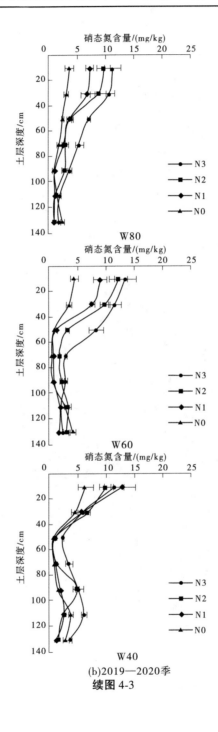

(b)2019—2020季

续图 4-3

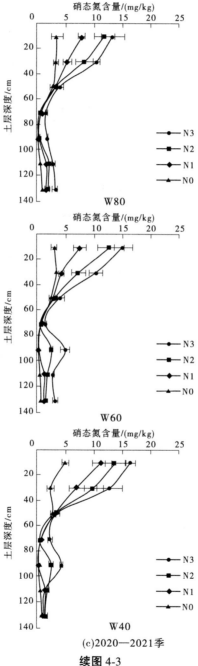

(c)2020—2021季

续图 4-3

2019—2020 季成熟期,W80 处理、W60 处理、W40 处理灌水条件下的 0~140 cm 土层土壤硝态氮含量均值分别为 3.96 mg/kg、4.23 mg/kg、4.00 mg/kg,灌水水平处理对 0~140 cm 土层土壤硝态氮含量均值影响不明显。各灌水水平处理下,0~140 cm 土层硝态氮含量均值均表现出随施氮量的增大而增大,N3 处理、N2 处理、N1 处理、N0 处理施氮条件下 0~140 cm 土层硝态氮含量均值分别为 5.85 mg/kg、4.44 mg/kg、3.46 mg/kg、2.51 mg/kg。0~40 cm 土层具有较高的含氮量,W80 处理灌水条件下 N3 处理、N2 处理、N1 处理、N0 处理的 0~40 cm 土层硝态氮含量分别占 0~140 cm 土层硝态氮总量的 53.0%、61.0%、59.8%、42.3%,W60 处理灌水条件下分别为 57.3%、62.0%、72.4%、47.0%,W40 处理条件下分别为 46.4%、60.1%、70.7%、53.5%。对于 W80 处理,0~20 cm 和 20~40 cm 土层各施氮水平处理的土壤硝态氮含量差异不大,20~100 cm 土层,整体上各处理硝态氮含量呈逐渐减小趋势;对于 W60 处理和 W40 处理,0~60 cm 土层硝态氮含量随土壤深度增加呈降低趋势,60~140 cm 土层变化幅度相对较小;各处理 100~140 cm 土层硝态氮含量随土壤深度变化趋势不一,但变化幅度较小。

2020—2021 季成熟期,W80 处理、W60 处理、W40 处理灌水条件下的 0~140 cm 土层土壤硝态氮含量均值分别为 3.49 mg/kg、3.53 mg/kg、4.00 mg/kg,灌水水平处理对 0~140 cm 土层土壤硝态氮含量均值影响不明显;各灌水水平处理下,0~140 cm 土层硝态氮含量均值均表现出随施氮量的增大而增大,N3 处理、N2 处理、N1 处理、N0 处理施氮条件下 0~140 cm 土层硝态氮含量均值分别为 5.67 mg/kg、4.34 mg/kg、3.05 mg/kg、1.63 mg/kg。0~40 cm 土层具有较高的含氮量,W80 处理灌水条件下 N3 处理、N2 处理、N1 处理、N0 处理的 0~40 cm 土层硝态氮含量分别占 0~140 cm 土层硝态氮总量的 64.4%、70.7%、63.0%、57.1%,W60 处理灌水条件下分别为 61.2%、68.0%、65.5%、59.6%,W40 处理条件下分别为 69.9%、71.4%、72.7%、60.1%。除 N0 处理外,各处理土壤硝态氮含量均表现出,在 0~60 cm 土层随土壤深度的增加而减小,60~100 cm 土层各处理变化幅度较小,且变化趋势不一,在 100~140 cm 土层,W40 处理条件下的 N3 处理和 N2 处理的硝态氮含量明显小于 W80 处理和 W60 处理。

整体上,3 个生长季成熟期各施氮水平处理硝态氮均值,随着生长季的增加,均呈现减小的趋势,从 2018—2019 季至 2019—2020 季 N3 处理、N2 处理、N1 处理、N0 处理硝态氮含量分别减少了 4.22 mg/kg、2.29 mg/kg、0.19 mg/kg、0.45 mg/kg,而从 2018—2019 季至 2019—2020 季 N3 处理、N2 处理、

N1 处理、N0 处理硝态氮含量分别减少了 0.18 mg/kg、0.11 mg/kg、0.41 mg/kg、0.88 mg/kg。可以看出,对于 N3 处理和 N2 处理成熟期第 1 季至第 2 季变化量较大,第 2 季至第 3 季变化量差异较小(小于 0.2 mg/kg)。

4.2　冬小麦季各生育期土壤铵态氮分布

4.2.1　返青—拔节中期土壤铵态氮分布

冬小麦 3 个生长季返青—拔节中期 0~140 cm 土层土壤铵态氮分布如图 4-4 所示。

2018—2019 季返青—拔节中期,W80 处理、W60 处理、W40 处理灌水条件下的 0~140 cm 土层土壤铵态氮含量均值分别为 2.18 mg/kg、2.30 mg/kg、1.94 mg/kg,与同期硝态氮含量的比值(A/N)分别为 30.4%、34.7%、30.1%,灌水水平处理对 0~140 cm 土层土壤铵态氮含量均值影响不明显;各灌水水平处理下,0~140 cm 土层铵态氮含量均值均表现出随施氮量的增大而增大,N3 处理、N2 处理、N1 处理、N0 处理施氮条件下 0~140 cm 土层铵态氮含量均值分别为 2.92 mg/kg、2.39 mg/kg、2.14 mg/kg、1.1 mg/kg,其铵态氮与硝态氮含量比值(A/N)分别为 27.4%、27.7%、37.8%、54.2%,由此可以看出,较低的施氮量会导致 A/N 升高。

2019—2020 季返青—拔节中期,W80 处理、W60 处理、W40 处理灌水条件下的 0~140 cm 土层土壤铵态氮含量均值分别为 1.89 mg/kg、1.66 mg/kg、1.61 mg/kg,与同期硝态氮含量的比值分别为 66.5%、50.5%、56.9%,灌水水平处理对 0~140 cm 土层土壤铵态氮含量均值影响不明显;各灌水水平处理下,0~140 cm 土层铵态氮含量均值均表现出随施氮量的增大而增大,N3 处理、N2 处理、N1 处理、N0 处理施氮条件下 0~140 cm 土层铵态氮含量均值分别为 2.11 mg/kg、2.07 mg/kg、1.76 mg/kg、0.94 mg/kg,分别占其土壤硝态氮含量的 33.0%、57.3%、143.1%、128.8%,较低的施氮量会导致 A/N 升高。除 N0 处理外,在 0~60 cm 土层内,铵态氮含量均表现出随土壤深度的增加而降低;对于 60~140 cm 土层,各处理铵态氮含量均处于较低的水平,且变化幅度较小。

2020—2021 季返青—拔节中期,W80 处理、W60 处理、W40 处理灌水条件下的 0~140 cm 土层土壤铵态氮含量均值分别为 1.52 mg/kg、1.78 mg/kg、1.70 mg/kg,与同期硝态氮含量的比值分别为 70.0%、74.8%、75.2%,灌水水

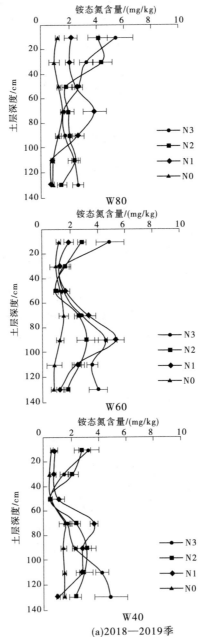

(a)2018—2019季

图 4-4　冬小麦 3 个生长季返青—拔节中期 0~140 cm 土层土壤铵态氮分布

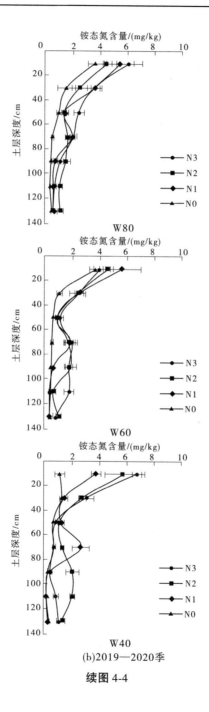

W80

W60

W40

(b)2019—2020季

续图 4-4

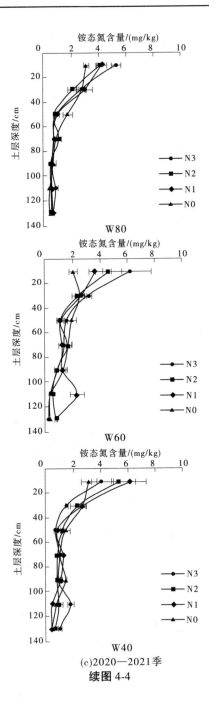

(c)2020—2021季

续图 4-4

平处理对 0～140 cm 土层土壤铵态氮含量均值影响不明显。各灌水水平处理下,0～140 cm 土层铵态氮含量均值均表现出随施氮量的增大而增大,N3 处理、N2 处理、N1 处理、N0 处理施氮条件下 0～140 cm 土层铵态氮含量均值分别为 1.76 mg/kg、1.64 mg/kg、1.77 mg/kg、1.50 mg/kg,分别占其土壤硝态氮含量的 46.6%、56.4%、123.8%、154.6%,故较低的施氮量会导致 A/N 升高。除 N0 处理外,在 0～60 cm 土层内,铵态氮含量均表现出随土壤深度的增加而降低,在 60～140 cm 土层各处理铵态氮含量均处于较低的水平,且变化幅度较小。

3 个生长季,在 0～20 cm 土层均表现出随施氮量的增加铵态氮含量也增加。各处理随土层深度的增加,土壤铵态氮含量没有明显变化规律,灌水量对土壤铵态氮含量也无明显的影响。除个别土层外,在大多数土层内 N0 处理的铵态氮含量均小于其他处理,与其他施氮处理相比,N0 处理土壤铵态氮含量在垂直方向上波动幅度较小。在各层土壤中,N0 处理铵态氮含量均小于1.8 mg/kg。较高的施氮量会增加铵态氮含量,同时也会导致 A/N 降低。

4.2.2　开花期土壤铵态氮分布

冬小麦 3 个生长季开花期(灌水前)0～140 cm 土层土壤铵态氮含量如图 4-5 所示,铵态氮含量小于硝态氮含量。

2018—2019 季开花期,W80 处理、W60 处理、W40 处理下的 0～140 cm 土层土壤铵态氮含量均值分别为 1.06 mg/kg、1.05 mg/kg、0.66 mg/kg,与同期硝态氮含量的比值分别为 10.5%、9.8%、6.1%,灌水水平处理对 0～140 cm 土层土壤铵态氮含量均值影响不明显。各灌水水平处理下,0～140 cm 土层铵态氮含量均值均表现出随施氮量的增大而增大,N3 处理、N2 处理、N1 处理、N0 处理施氮条件下,0～140 cm 土层铵态氮含量均值分别为 1.15 mg/kg、1.06 mg/kg、0.91 mg/kg、0.59 mg/kg,铵态氮与硝态氮含量的比值(A/N)分别为 6.7%、8.0%、11.1%、16.8%,表现出施氮量会导致 A/N 升高。

2019—2020 季开花期,W80 处理、W60 处理、W40 处理灌水条件下的 0～140 cm 土层铵态氮含量均值分别为 1.06 mg/kg、1.07 mg/kg、1.33 mg/kg,与同期硝态氮含量的比值分别为 22.6%、24.4%、24.5%,灌水水平处理对 0～140 cm 土层土壤铵态氮含量均值影响不明显。各灌水水平处理下,0～140 cm 土层铵态氮含量均值均表现出随施氮量的增大而增大,N3 处理、N2 处理、N1 处理、N0 处理施氮条件下 0～140 cm 土层铵态氮含量均值分别为 1.46 mg/kg、1.29 mg/kg、1.18 mg/kg、0.59 mg/kg,与同期硝态氮含量的比值分别为

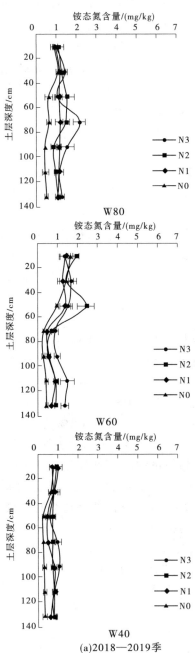

(a)2018—2019季

图4-5　冬小麦3个生长季开花期0~140 cm土层土壤铵态氮分布

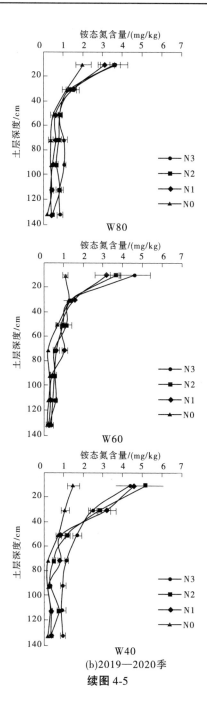

(b)2019—2020季

续图 4-5

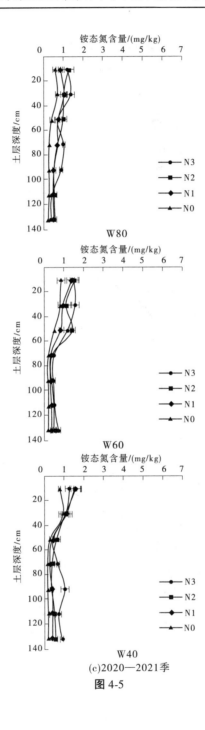

(c)2020—2021季

图 4-5

16.4%、22.4%、31.2%、64.8%,故较低的施氮量会导致 A/N 升高。除 N0 处理外,在 0~60 cm 土层内,铵态氮含量均表现出随土壤深度的增加而降低,对于 60~140 cm 土层各处理铵态氮含量均处于较低的水平,且变化幅度较小。

2020—2021 季开花期,W80 处理、W60 处理、W40 处理灌水条件下的 0~140 cm 土层土壤铵态氮含量均值分别为 0.65 mg/kg、0.68 mg/kg、0.63 mg/kg,与同期硝态氮含量的比值分别为 12.1%、11.8%、10.2%,灌水水平处理对 0~140 cm 土层土壤铵态氮含量均值影响不明显;各灌水水平处理下,0~140 cm 土层铵态氮含量均值均表现出随施氮量的增大而增大,N3 处理、N2 处理、N1 处理、N0 处理施氮条件下 0~140 cm 土层铵态氮含量均值分别为 0.85 mg/kg、0.76 mg/kg、0.63 mg/kg、0.37 mg/kg,与同期硝态氮含量的比值分别为 8.3%、10.7%、14.3%、28.2%,故较低的施氮量会导致 A/N 升高。除 N0 处理外,在 0~60 cm 土层内,铵态氮含量均表现出随土壤深度的增加而降低,对于 60~140 cm 土层各处理铵态氮含量均处于较低的水平,且变化幅度较小。

整体上,3 个生长季,在大多数土层内 N0 处理的铵态氮含量均小于其他处理,与其他施氮处理相比,N0 处理土壤铵态氮含量在垂直方向上波动幅度较小。灌水水平对土壤铵态氮含量的影响没有明显规律,但增加施氮量会增加该时期铵态氮含量,同时施氮量的降低会导致铵态氮与硝态氮含量的比值(A/N)增加,该时期的 A/N 明显小于返青—拔节中期。

4.2.3　成熟期土壤铵态氮分布

冬小麦 3 个生长季成熟期 0~140 cm 土层土壤铵态氮分布如图 4-6 所示,铵态氮含量远远小于硝态氮含量。

2018—2019 季成熟期,W80 处理、W60 处理、W40 处理灌水条件下的 0~140 cm 土层铵态氮含量均值分别为 1.12 mg/kg、0.77 mg/kg、0.82 mg/kg,与同期硝态氮含量的比值分别为 18.2%、13.5%、15.0%,灌水水平处理对 0~140 cm 土层土壤铵态氮含量均值影响不明显;各灌水水平处理下,0~140 cm 土层铵态氮含量均值均表现出随施氮量的增大而增大,N3 处理、N2 处理、N1 处理、N0 处理施氮条件下 0~140 cm 土层铵态氮含量均值分别为 1.17 mg/kg、1.10 mg/kg、0.70 mg/kg、0.65 mg/kg,分别占其土壤硝态氮含量的 11.6%、16.3%、19.1%、22.0%,较低的施氮量会导致 A/N 升高。

2019—2020 季成熟期,W80 处理、W60 处理、W40 处理灌水条件下的 0~140 cm 土层铵态氮含量均值分别为 1.25 mg/kg、1.29 mg/kg、1.54 mg/kg,与同期硝态氮含量的比值分别为 31.6%、30.5%、38.5%,灌水水平处

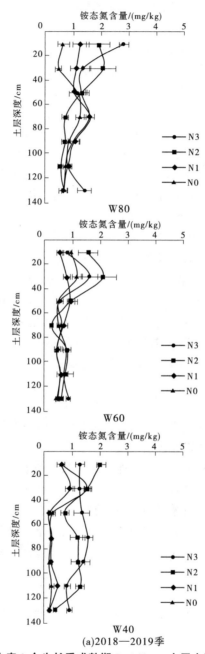

(a)2018—2019季

图 4-6　冬小麦 3 个生长季成熟期 0~140 cm 土层土壤铵态氮分布

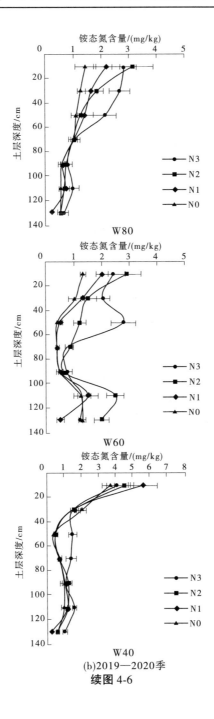

W80

W60

W40

(b)2019—2020季

续图 4-6

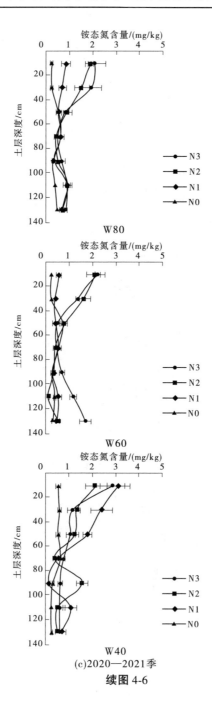

(c)2020—2021季

续图 4-6

理对 0~140 cm 土层土壤铵态氮含量均值影响不明显；各灌水水平处理下，0~140 cm 土层铵态氮含量均值均表现出随施氮量的增大而增大，N3 处理、N2 处理、N1 处理、N0 处理施氮条件下 0~140 cm 土层铵态氮含量均值分别为 1.66 mg/kg、1.49 mg/kg、1.22 mg/kg、1.07 mg/kg，与同期硝态氮含量的比值分别为 28.4%、33.6%、35.3%、42.6%，较低的施氮量会导致 A/N 升高。除 N0 处理外，在 0~60 cm 土层内，铵态氮含量均表现出随土层深度的增加而降低，在 60~140 cm 土层各处理铵态氮含量均处于较低的水平，且变化幅度较小。

2020—2021 季成熟期，W80 处理、W60 处理、W40 处理灌水条件下的 0~140 cm 土层铵态氮含量均值分别为 0.78 mg/kg、0.72 mg/kg、1.00 mg/kg，与同期硝态氮含量的比值分别为 22.3%、20.4%、25.0%，灌水水平处理对 0~140 cm 土层土壤铵态氮含量均值影响不明显；各灌水水平处理下，0~140 cm 土层铵态氮含量均值均表现出随施氮量的增大而增大，N3 处理、N2 处理、N1 处理、N0 处理施氮条件下 0~140 cm 土层铵态氮含量均值分别为 1.12 mg/kg、0.98 mg/kg、0.83 mg/kg、0.40 mg/kg，与同期硝态氮含量的比值分别为 19.8%、22.6%、27.2%、24.5%，故较低的施氮量会导致 A/N 升高。除 N0 处理外，在 0~60 cm 土层内，铵态氮含量均表现出随土层深度的增加而降低，在 60~140 cm 土层各处理铵态氮含量均处于较低的水平，且变化幅度较小。

整体上，灌水水平对土壤铵态氮含量的影响没有明显规律，但增加施氮量会增加该时期铵态氮含量，同时施氮量的降低会导致铵态氮与硝态氮含量的比值（A/N）增加，该时期的 A/N 明显小于返青—拔节中期。3 个生长季相比，2019—2020 季土壤铵态氮含量相对较高。

4.3　讨　论

4.3.1　冬小麦季土壤硝态氮消耗与分布

灌水量及施氮量是影响土壤硝态氮含量的主要因素（王丽，2017）。本书研究发现在施氮条件下，各处理各生育期硝态氮含量在 0~40 cm 土层均处于一个相对较高的水平，司转运（2017）研究认为在冬小麦-夏棉花滴灌条件下土壤硝态氮主要集中在 0~40 cm 土层，这与本书研究的结论相似。本书研究还发现，施氮量的增加会增加冬小麦季土层硝态氮含量，但对土壤硝态氮峰值位置没有明显影响，这表明氮肥用量不会对土壤硝态氮的移动深度产生影响，这与代快（2012）和张树兰等（2004）的研究结果一致。

2018—2019 冬小麦季各处理在 100~120 cm 处出现一个峰值,后两季在 60 cm 土层以下均没有出现较大的峰值,这一方面是由于土壤硝态氮会随着土壤水分向下迁移淋失,另一方面是由于在该处根系吸氮速率较大。

对于冬小麦开花期土壤硝态氮含量,各处理在土壤表层(0~20 cm)表现出较大的硝态氮含量,但可以看出较低的灌水量会导致表层土壤硝态氮含量较高,这主要是由于氮素会随着土壤水分向下迁移,较少的灌水量其向下迁移量也较少,这与许多前人研究结果相似(代快,2012;张树兰 等,2004)。

本书研究还发现,对于冬小麦,成熟期各施氮水平处理硝态氮含量均值随着生长季的增加,均呈现减小的趋势。这主要是由于试验前期土壤基础氮素含量较高,导致即使在最高的施氮水平下,随着生长季的增加硝态氮含量含量也呈降低趋势,另外 2020 年夏玉米季产生了大量的降水,导致土壤养分深层渗漏,也是导致 2020—2021 季冬小麦季收获时土壤氮素较低的原因之一。尽管冬小麦成熟期各施氮处理 0~140 cm 土层硝态氮含量均值逐年降低,但 N3 处理和 N2 处理在第 2 季至第 3 季变化量较小(小于 0.2 mg/kg),这表明在 N3 处理和 N2 处理施氮条件下,至第 3 季冬小麦成熟期,N3 处理和 N2 处理 0~140 cm 土层硝态氮含量均值可能已经开始趋于稳定。

4.3.2　冬小麦季土壤铵态氮分布及 A/N

李紫燕等(2008)在通过研究麦田氮素空间分布发现,土壤铵态氮含量是较低的,且在不同土层间变化不大;肖亚奇等(2018)对新疆焉耆盆地的土壤调查中发现不同土壤深度铵态氮平均含量分布较为均匀,且同一农田种植类型铵态氮在不同土层的分布差异不显著。本书研究发现,相对硝态氮,土壤铵态氮含量较低且变化幅度也较小。冬小麦季,除 2018—2019 季开花期外,大多处理都表现出在表层(0~20 cm)土壤具有较高的铵态氮含量,卢锐(2022)通过对棉田试验研究发现,花期之后 0~20 cm 土层铵态氮含量较高,60 cm 土层以下土壤铵态氮含量多数相对平稳,这与本书研究的结论基本相似。

本书研究发现对于冬小麦季,随着施氮量的增加,各观测阶段的铵态氮与硝态氮比值(A/N)逐渐降低。通过分析发现,随着施氮量的减小,土壤硝态氮减小幅度较大,而土壤铵态氮减小幅度较小,这就导致了 A/N 随施氮量的减小而增加,随施氮量增加而逐渐减小。各观测阶段 A/N 表现为在返青—拔节中期最高,3 个冬小麦季返青—拔节中期 N3 处理、N2 处理、N1 处理、N0 处理的 A/N 均值分别为 35.6%、47.1%、101.5%、112.5%,这可能是由于从小麦出苗至返青阶段农田环境温度较低,以致土壤硝化作用较低导致的,拔节开始后随着气温的升高,土壤硝化能力增加,A/N 有所降低。

4.4　小　结

(1)较高的施氮量会提高冬小麦各生育期 0~140 cm 土层土壤硝态氮、铵态氮含量。

(2)随着施氮量的减小,冬小麦各生育期铵态氮与硝态氮含量的比值(A/N)会逐渐增大。冬小麦季,相比开花期和成熟期,返青—拔节中期(追肥前)A/N 最大。

(3)灌水水平对冬小麦各生育期 0~140 cm 土层硝态氮总量均值无显著影响,但较高的灌水量会降低 0~40 cm 土层硝态氮含量的占比,而较大的施氮量增加 0~40 cm 土层硝态氮含量的占比。

(4)冬小麦成熟期各处理 0~140 cm 土层的硝态氮含量整体上低于开花期,且随着生长季的增加,各施氮处理 0~140 cm 土层硝态氮含量均值均呈现减小的趋势,对于 N3 处理和 N2 处理,第 1 季至第 2 季变化量较大,第 2 季至第 3 季变化量差异较小(小于 0.2 mg/kg)。

第 5 章　水氮对冬小麦生长
发育状况的影响

　　作物的生长发育状况是形成产量的基础,本章主要研究了作物的生长指标(叶面积指数、地上部分生物量)、冬小麦旗叶叶绿素相对含量、冬小麦籽粒氨基酸含量以及冬小麦旗叶光合特性。叶面积指数可反映作物的冠层结构,可为分析土壤蒸腾蒸发提供数据支撑;地上部分生物量状况一方面反映了作物的生长状况,与作物产量密切相关,另一方面也为分析作物氮素吸收利用提供了重要数据和理论支撑;冬小麦旗叶叶绿素相对含量和旗叶光合特性,是反映作物有机物合成的重要数据,对作物籽粒形成起着至关重要的作用;而冬小麦籽粒氨基酸含量则反映了不同水氮处理下的籽粒品质状况,可在提高水氮利用效率的同时,为提高冬小麦籽粒品质提供支撑。

5.1　冬小麦叶面积指数

　　叶面积指数(LAI)是衡量作物群体生长状况的一个重要指标,表 5-1 和表 5-2 分别为冬小麦 3 个生长季开花期 LAI 及其方差分析结果。由表 5-2 可知,3 年的试验期灌水和施氮对冬小麦开花期 LAI 的影响均达到显著水平($p <$ 0.05),灌水和施氮交互作用均没有对 LAI 产生显著影响。

表 5-1　各处理冬小麦开花期叶面积指数(LAI)

生长季	处理	N3	N2	N1	N0	AVG
2018— 2019 季	W80	7.77a	7.67a	7.01b	5.63d	7.02
	W60	7.64a	7.62a	7.09b	5.43d	6.95
	W40	7.02b	7.16b	6.43c	5.05e	6.87
	W0	5.14e	—	—	—	—
	AVG(不含 W0)	7.48	7.48	6.84	5.53	6.95

续表 5-1

生长季	处理	N3	N2	N1	N0	AVG
2019—2020 季	W80	7.35ab	7.42a	6.12de	4.38f	6.32
	W60	7.16ab	7.03b	6.02e	4.08f	6.10
	W40	6.53c	6.62cd	5.92e	4.05f	5.78
	W0	4.34f	—	—	—	—
	AVG(不含 W0)	7.01	7.02	6.02	4.17	6.06
2020—2021 季	W80	7.56a	7.41a	5.83c	3.71d	6.13
	W60	7.61a	7.53a	5.92bc	3.91d	6.24
	W40	7.54a	7.21ab	5.72c	3.95d	6.11
	W0	6.78b	—	—	—	—
	AVG(不含 W0)	7.57	7.38	5.82	3.86	6.16

注:AVG 表示算术平均值,同一列内同一年的数据后不同小写字母表示处理之间差异达 5% 的显著水平。

表 5-2　不同水氮处理冬小麦叶面积指数方差分析(p 值)

生长季	灌水	施氮	灌水×施氮
2018—2019 季	0	0.008	NS
2019—2020 季	0	0.002	NS
2020—2021 季	0.026	0	NS

注:灌水×施氮(W×N)代表交互作用;NS 代表 $p>0.05$,差异不显著。

2018—2019 季、2019—2020 季和 2020—2021 季各处理冬小麦 LAI 分别为 5.05~7.77、4.05~7.42 和 3.71~7.61。对于各施氮处理 LAI 均值,2018—2019 季 N3 处理、N2 处理、N1 处理(不考虑 W0N3 处理)分别比 N0 处理增加了 39.2%、39.4%、27.4%,2019—2020 季分别增加了 69.0%、68.4%、44.4%,2020—2021 季分别增加了 96.3%、91.4%、51.0%,整体上 3 个生长季 N3 处理和 N2 处理均无显著差异,但施氮量不超过 N2 处理时,随着施氮量的增加,LAI 也逐渐增加。对于 N3 施氮条件下各灌水处理 LAI 均值,2018—2019 季 W80、W60、W40 处理分别比 W0 处理增加了 51.2%、48.6%、36.6%,2019—2020 季分别增加了 69.4%、67.3%、50.5%,2020—2021 季分别增加了

11.5%、12.2%、11.2%,前两季 W80 处理和 W60 处理之间的 LAI 差异较小,第 3 季 W80 处理、W60 处理和 W40 处理之间的 LAI 差异均较小,但均显著高于 W0 处理。

对高水高氮处理(W80N3)分析,2018—2019 季的叶面积指数较 2019—2020 季和 2020—2021 季的叶面积指数大。3 个生长季中,相同灌溉条件下,N3 处理和 N2 处理之间的 LAI 差异均不显著,N2 处理、N1 处理和 N0 处理之间的差异在不同生长季表现不同。随着生长季的增加,3 个生长季相同灌溉条件下各施氮水平处理之间的差异是逐渐增大的,这主要是由于第一年试验期土壤基础氮素水平较高,施氮水平处理对作物影响较小,后两年对于低氮处理,经过作物对土壤氮素的消耗,不同施氮水平之间的 LAI 差异相对增大导致的。3 个生长季,对于灌水水平处理从 W60 处理增加到 W80 处理,LAI 增量较小,3 个生长季平均仅增加了 2.3%。第 3 个生长季不同灌水水平之间的差异要小于前两个生长季,这是由于第 3 个生长季的冬小麦生育期降水量较多,在一定程度上缓解了水分亏缺处理的土壤水分胁迫。

5.2 冬小麦成熟期地上部分生物量

表 5-3 和表 5-4 分别为冬小麦 3 个生长季成熟期地上部分生物量(above-ground biomass, AB)及其方差分析结果。3 个生长季除 2018—2019 季灌水对叶部生物量积累没有产生显著影响外($p>0.05$),其他时期灌水和施氮对各器官生物量和 AB 均产生了极显著($p<0.01$)影响,而灌水和施氮的交互作用对各部生物量和 AB 均没有产生显著影响。

2018—2019 季、2019—2020 季和 2020—2021 季各处理冬小麦 AB 分别在 13 256~21 098 kg/hm^2、12 189~21 040 kg/hm^2 和 7 139~20 060 kg/hm^2,可以看出第 3 季各处理的最小值与前两季相比较小,这主要是 N0 施氮水平处理在该季产量较低导致的。对于各施氮处理 AB 均值,2018—2019 季 N3 处理、N2 处理、N1 处理(不考虑 W0N3 处理)分别比 N0 处理增加了 45.8%、43.8%、32.5%,2019—2020 季分别增加了 52.7%、50.5%、33.2%,2020—2021 季分别增加了 149.2%、145.6%、69.0%,较高的施氮处理会促进 AB,但各灌水条件下 N3 处理和 N2 处理差异均不显著。对于各灌水水平处理 AB 均值,2018—2019 季 W80 处理、W60 处理分别比 W40 处理增加了 7.5%、4.4%,2019—2020 季分别增加了 10.2%、6.8%,2019—2020 季分别增加了 10.3%、8.4%,第 3 季 W80 处理和 W60 处理之间差异较小。

表 5-3　各处理成熟期冬小麦地上部分生物量(AB)　单位:kg/hm²

生长季	灌水水平	施氮水平	茎	叶	穗	地上部分生物量
2018—2019 季	W80	N3	6 885a	2 146a	12 067a	21 098a
		N2	6 662a	2 061a	11 871a	20 594a
		N1	6 112bc	1 889abc	10 845bc	18 846b
		N0	4 815ef	1 414cd	8 238d	14 468c
		AVG	6 118	1 878	10 755	18 751
	W60	N3	6 629a	1 940ab	11 847a	20 416a
		N2	6 481ab	2 073a	11 704a	20 258ab
		N1	5 943c	1 771bc	10 463c	18 177b
		N0	4 904e	1 230d	7 811de	13 945c
		AVG	5 989	1 754	10 456	18 199
	W40	N3	6 083c	2 003a	11 138b	19 224b
		N2	6 156bc	1 922ab	11 007bc	19 086b
		N1	5 687d	1 680cd	10 809bc	18 176b
		N0	4 520f	1 213d	7 524e	13 256c
		AVG	5 611	1 704	10 119	17 435
	W0	N3	4 780ef	1 202d	7 949de	13 931c
2019—2020 季	W80	N3	6 858a	2 135a	12 047a	21 040a
		N2	6 685a	2 075a	11 752ab	20 512a
		N1	6 267ab	1 750b	10 117bc	18 134bc
		N0	4 893d	1 286cd	7 448d	13 627d
		AVG	6 176	1 812	10 341	18 328

续表 5-3

生长季	灌水水平	施氮水平	茎	叶	穗	地上部分生物量
2019—2020 季	W60	N3	6 427a	2 085a	11 865a	20 377a
		N2	6 323ab	2 054a	11 555ab	19 932ab
		N1	5 975bc	1 517bc	9 728c	17 220c
		N0	4 717d	1 310cd	7 475d	13 501d
		AVG	5 860	1 742	10 156	17 758
	W40	N3	5 813bc	1 746b	11 060bc	18 619bc
		N2	5 989bc	1 673b	11 054bc	18 716bc
		N1	5 621c	1 520bc	9 863c	17 003c
		N0	4 561d	1 062d	6 566e	12 189d
		AVG	5 496	1 500	9 636	16 632
	W0	N3	4 393d	1 251cd	7 902d	13 546d
2020—2021 季	W80	N3	6 670a	2 012a	11 378a	20 060a
		N2	6 669a	1 874ab	11 229a	19 772a
		N1	5 116c	1 110d	7 093c	13 320de
		N0	3 258e	707e	4 156d	8 120f
		AVG	5 428	1 426	8 464	15 318
	W60	N3	6 450a	1 981a	11 094a	19 526ab
		N2	6 760a	1 807ab	11 019a	19 587ab
		N1	4 391d	1 183d	7 617c	13 191de
		N0	3 030e	735e	4 153d	7 919f
		AVG	5 158	1 427	8 471	15 056

续表 5-3

生长季	灌水水平	施氮水平	茎	叶	穗	地上部分生物量
2020— 2021 季	W40	N3	5 805b	1 825ab	10 540ab	18 170bc
		N2	5 534bc	1 683bc	10 363ab	17 579c
		N1	4 405d	1 175d	7 072c	12 652e
		N0	2 686e	624e	3 830d	7 139f
		AVG	4 607	1 326	7 951	13 885
	W0	N3	4 164d	1 501c	9 458b	15 123d

注:AVG 表示算术平均值,同一列内同一年的数据后不同小写字母表示处理之间差异达 5%的显著水平。

表 5-4　各处理冬小麦地上部分生物量方差分析(p 值)

生长季	因子	茎	叶	穗	地上部分生物量
2018— 2019 季	W	0	0	0	0
	N	0.002	0.010	0	0
	W×N	NS	NS	NS	NS
2019— 2020 季	W	0	0	0	0
	N	0	0.002	0	0
	W×N	NS	NS	NS	NS
2019— 2020 季	W	0	0.003	0	0
	N	0	0	0	0
	W×N	NS	NS	NS	NS

注:W 表示灌水因子;N 表示施氮因子;W×N 灌水和施氮的交互作用;NS 代表 $p>0.05$,差异不显著。

　　总体上,茎、叶、穗部生物量分别约占总 AB 的 33%、10%、57%,不同处理对各器官生物量所占总 AB 的比值没有明显的差异。3 个生长季均表现出灌水促进了 AB 的积累,但当灌水水平从 W60 处理增加到 W80 处理时,AB 增量较小,3 个生长季平均仅增加了 2.7%。当施氮不超过 N2 处理时,施氮对 AB 的积累均具有显著促进作用,且随着生长季的增加,其促进作用越明显。

5.3　冬小麦旗叶叶绿素相对含量(SPAD 值)

冬小麦 3 个生长季旗叶叶绿素相对含量(SPAD 值)见图 5-1。各处理在 5 月中旬之前旗叶 SPAD 值随时间的变化相对稳定,5 月中旬(灌浆—成熟中期)之后,冬小麦旗叶 SPAD 值快速降低,3 个生长季均呈现出 N0 处理的 SPAD 值下降速率高于其他施氮处理,表明土壤氮素亏缺可加速生育期后期的叶片衰老。

通过分析灌水水平处理对冬小麦旗叶 SPAD 值的影响发现,3 个生长季均表现出,在 5 月中旬之前,相同施氮条件下,各灌水水平处理对 SPAD 值无显著影响,即水分亏缺不会降低冬小麦旗叶的 SPAD 值;约 5 月中旬开始,相同施氮条件下的 W40 处理的 SPAD 值下降速率高于 W80 处理和 W60 处理;N3 处理施氮条件下,SPAD 值下降速率表现为,W80 处理和 W60 处理无显著差异,而对于 W60 处理、W40 处理、W0 处理,其下降速率则表现为 W0>W40>W60。这表明在 5 月中旬(灌浆—成熟中期)之前,水分亏缺对 SPAD 值无显著影响,而在灌浆—成熟中期之后,水分亏缺会造成 SPAD 值加速降低。

通过分析施氮水平处理对冬小麦旗叶 SPAD 值的影响发现,3 个生长季均表现出,施氮水平处理对旗叶 SPAD 值全程都具有显著影响。2018—2019 季,在 5 月中旬(灌浆—成熟中期)之前,相同灌水条件下,N3 处理、N2 处理、N1 处理之间没有显著差异,但均显著高于 N0 处理;5 月中旬之后,N0 处理 SPAD 值下降速率高于其他施氮处理,N1 处理 SPAD 值下降速率也高于 N2 处理和 N3 处理,即氮素亏缺会使得 SPAD 值的下降速率增大,导致生育期末旗叶 SPAD 值表现为 N3 处理和 N2 处理之间无显著差异,而 N2 处理、N1 处理和 N0 处理则表现为 N2>N1>N0。2019—2020 季,从初始测量时 N1 处理就低于 N2 处理和 N3 处理,而 N0 处理显著低于 N1 处理,而且由施氮水平处理造成的 SPAD 值差异明显高于 2018—2019 季;至 5 月中旬后,可以看出各灌水条件下,SPAD 值下降速率均表现为 N0>N1>N2,N2 处理和 N3 处理在 W80 处理和 W60 处理灌水条件下,其下降速率无明显差异,而在 W40 处理灌水条件下,N2 处理的下降速率高于 N3 处理。2020—2021 季,N0 处理和 N1 处理的 SPAD 值明显低于前两个生长季,这表明由施氮处理造成的 SPAD 值差异随着生长季的增加逐渐增大,该季在 5 月中旬之前,相同灌水条件下 N3 处理和

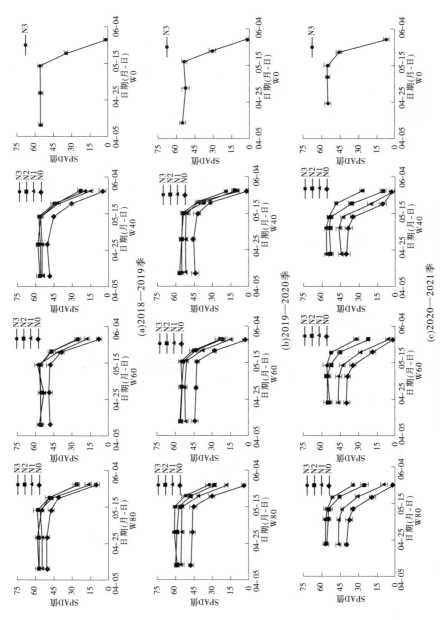

图 5-1　冬小麦 3 个生长季旗叶 SPAD 值动态

N2 处理之间无显著差异,5 月中旬之后 SPAD 值下降速率表现为随施氮量的降低而降低,导致冬小麦旗叶 SPAD 值在成熟前表现为 N3>N2>N1>N0。

　　整体上,3 个生长季灌浆—成熟中期之前冬小麦旗叶 SPAD 值保持相对稳定,无氮素亏缺的条件下约为 57,而氮素亏缺会降低其 SPAD 值,但水分亏缺不会降低该阶段的 SPAD 值。在灌浆—成熟中期之后,水分亏缺和氮素亏缺均会导致 SPAD 值加速下降,即在该阶段水氮亏缺均会降低其 SPAD 值。3 个生长季由氮素亏缺造成的冬小麦旗叶 SPAD 值差异随着生长季的增加是逐渐增大的。

5.4　冬小麦旗叶光合特性

5.4.1　冬小麦旗叶光合速率–光曲线拟合

　　图 5-2 为利用直角双曲线模型拟合的 2020—2021 季冬小麦旗叶光响应曲线,其中图 5-2(a)为 W80 灌水条件下各施氮处理的旗叶光响应曲线,图 5-2(b)为 N3 施氮条件下各灌水处理的旗叶光响应曲线。图 5-3 为利用叶子飘模型拟合的 2020—2021 季冬小麦旗叶光响应曲线,其中图 5-3(a)为 W80 灌水条件下各施氮水平处理的旗叶光响应曲线;图 5-3(b)为 N3 施氮条件下各灌水处理的旗叶光响应曲线。

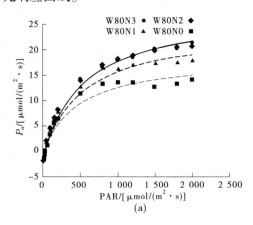

图 5-2　利用直角双曲线模型拟合的 2020—2021 季冬小麦旗叶光响应曲线

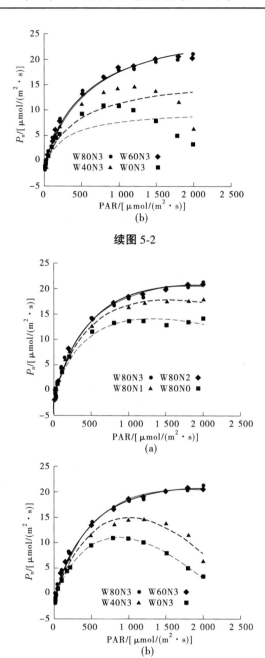

续图 5-2

(b)

(a)

(b)

图 5-3　利用叶子飘模型拟合的 2020—2021 季冬小麦旗叶光响应曲线

在低光合有效辐射,即 PAR 为 $0 \sim 150$ μmol /(m²·s),无论水分和氮素亏缺与否,冬小麦旗叶净光合速率(P_n)均随着 PAR 的增加而近乎直线上升(线性相关系数均≥0.98),之后相对缓慢上升,水分相对充足的条件下,P_n 达到一定阈值后开始保持相对稳定;而在水分不足的条件下(W40 处理和 W0 处理),达到一定阈值后,又开始随着 PAR 的增大而降低。由于 PAR 在 $0 \sim 150$ μmol/(m²·s) 时,各处理 P_n 与 PAR 线性相关系数均≥0.98,故在对光响应曲线进行拟合时,对于 α、R_d 参数,均由 PAR 在 $0 \sim 150$ μmol/(m²·s)数据通过线性拟合获得,其中 α 为拟合直线的斜率,R_d 为直线与纵坐标轴的交点的纵坐标值的绝对值。

通过式(2-4)和式(2-5)对光响应曲线用两种模型进行拟合,表 5-5 为直角双曲线模型拟合参数,表 5-6 为叶子飘模型拟合参数。当 PAR 在 $0 \sim 2\,000$ μmol /(m²·s)时,W80 灌水条件下的各施氮水平处理直角双曲线模型和叶子飘模型拟合效果均较好(相关系数均能达到 0.98 以上),W80N3 处理、W80N2 处理、W60N3 处理光响应曲线变化趋势基本一致。而对于 N3 条件下的各灌水水平处理,对于 W80 处理和 W60 处理,两种模型拟合效果均较好(相关系数均可达到 0.99),而对于 W40 处理和 W0 处理,直角双曲线模型拟合效果较差(相关系数分别为 0.79、0.62),叶子飘模型拟合效果较好(相关系数分别为 0.98、0.99),这表明水分亏缺条件下直角双曲线模型不适合用来模拟光响应曲线。

表 5-5　直角双曲线模型拟合参数

处理	最大净光合速率 P_{max}/ [μmol/ (m²·s)]	光响应曲线的初始斜率 α	暗呼吸速率 R_d/ [μmol/ (m²·s)]	光补偿点 (LCP)/ [μmol/ (m²·s)]	光饱和点 (LSP)/ [μmol/ (m²·s)]	相关系数 r
W80N3	29.03	0.054	1.234 7	24	∞	0.99
W80N2	29.27	0.053	1.203 9	22	∞	0.99
W80N1	25.22	0.049	1.013 7	24	∞	0.99
W80N0	19.43	0.044	0.971 7	24	∞	0.98
W80N3	29.03	0.054	1.234 7	24	∞	0.99
W60N3	29.94	0.050	1.265 1	26	∞	0.99
W40N3	17.82	0.041	1.022 9	28	∞	0.79
W0N3	11.15	0.037	0.937 7	28	∞	0.62

注:∞ 表示无穷大。

表 5-6　叶子飘模型拟合参数

处理	最大净光合速率 P_{max}/ [μmol/(m²·s)]	光响应曲线的初始斜率 α	暗呼吸速率 R_d/ [μmol/(m²·s)]	光补偿点（LCP）/ [μmol/(m²·s)]	光饱和点（LSP）/ [μmol/(m²·s)]	相关系数 r
W80N3	20.63	0.054	1.234 7	24	2 000	0.99
W80N2	20.41	0.053	1.203 9	24	1 840	0.99
W80N1	17.70	0.049	1.013 7	22	1 522	0.99
W80N0	14.05	0.044	0.971 7	23	1 317	0.98
W80N3	20.63	0.054	1.234 7	24	2 000	0.99
W60N3	20.44	0.050	1.265 1	24	1 791	0.99
W40N3	14.93	0.041	1.022 9	24	1 009	0.98
W0N3	10.96	0.037	0.937 7	26	867	0.99

对于两种模型的参数 R_d、P_{max}，W80 灌水处理条件下，N3 处理和 N2 处理没有明显差异，对于 N2 处理、N1 处理、N0 处理均表现为 N2>N1>N0；N3 施氮处理条件下的各灌水水平处理，两种模型参数 α、R_d 在 W80 处理和 W60 处理之间没有明显差异，对于 W60 处理、W40 处理、W0 处理表现为 W60>W40>W0。对于两种模型的光响应曲线的初始斜率 α，W80 灌水处理条件下，随施氮量的降低而降低；N3 施氮处理条件下，W80 处理和 W60 处理没有明显差异，对于 W60 处理、W40 处理、W0 处理表现为 W60>W40>W0。在水氮充足的条件下，与叶子飘模型相比，直角双曲线模型模拟获得的 P_{max} 较大。

对于直角双曲线模型的拟合参数光饱和点（LSP）和光补偿点（LCP），由于 LSP 随着 PAR 的增大无限接近于最大值，即 LSP 无穷大。对于 LCP，W80 灌水处理条件下各施氮水平之间的 LCP 无明显差异，在 22～24 μmol/(m²·s)；对于 N3 施氮条件下的各灌水水平处理，LCP 在 24～28 μmol/(m²·s)。对于叶子飘模型的拟合参数 LSP 和 LCP，W80 灌水处理条件下，LSP 随着施氮量的减小而减小，N3 施氮条件下，LSP 随着灌水量的降低而降低，各处理之间 LCP 无明显差异，在 22～26 μmol/(m²·s)。

5.4.2　冬小麦旗叶气孔导度、蒸腾速率、胞间 CO_2 浓度

图 5-4 为 2020—2021 季冬小麦灌浆中期旗叶气孔导度（S_c）、蒸腾速率

(T_r)、胞间 CO_2 浓度(C_i)的光响应过程。对于 S_c 和 T_r,其变化趋势与 P_n 基本相似,W80 灌水处理条件下,当 PAR 在 $0 \sim 200$ $\mu mol/(m^2 \cdot s)$时,S_c 和 T_r 主要呈线性增长;当 PAR 超过 200 $\mu mol/(m^2 \cdot s)$后,S_c 和 T_r 增长速率快速降低,并保持相对稳定。N3 处理和 N2 处理之间差异不明显,N2 处理、N1 处理、N0 处理均表现为 N2>N1>N0;对于 N3 施氮处理条件下的各灌水水平处理,W80 处理和 W60 处理条件下,S_c 和 T_r 先快速增大,后增长速率快速降低并保持稳定;而对于 W40 处理和 W0 处理,S_c 和 T_r 随 PAR 的增大呈先增大后减小趋势,对于 W60 处理、W40 处理、W0 处理,则表现为 W60>W40>W0。对于 C_i,随着 PAR 的增大,C_i 快速降低,但其降低速率逐渐降低,超过 800 $\mu mol/(m^2 \cdot s)$后保持相对稳定,W80 灌水处理条件下的各施氮水平处理差异不明显,而对于 N3 施氮处理条件下的各灌水水平处理,W80 处理和 W60 处理之间差异不明显,W60 处理、W40 处理、W0 处理表现为 W60>W40>W0。

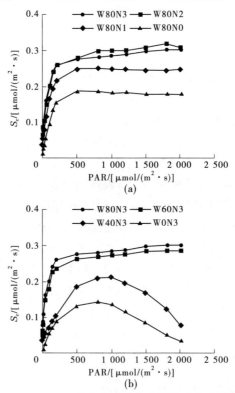

图 5-4　2020—2021 季冬小麦灌浆中期旗叶气孔导度(S_c)、
蒸腾速率(T_r)、胞间 CO_2 浓度(C_i)的光响应过程

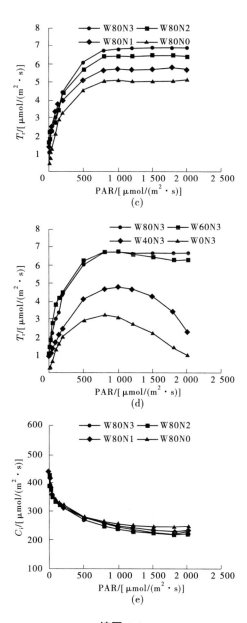

续图 5-4

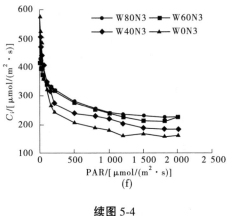

续图 5-4

5.5　冬小麦籽粒氨基酸(AA)含量

5.5.1　冬小麦籽粒必需氨基酸(EAA)含量

表 5-7 为冬小麦 3 个生长季籽粒必需氨基酸(EAA)组分含量,表 5-8 表示各 EAA 组分含量与 EAA 总量的相关系数。3 个生长季的冬小麦籽粒各 EAA 组分含量在各生长季内变化规律基本一致,各组分含量占比也无明显变化。各处理亮氨酸含量最高、蛋氨酸含量最低,亮氨酸与蛋氨酸组分含量分别约占 EAA 总量的 27.9% 和 5.5%。通过对各 EAA 组分与 EAA 总量进行相关性分析发现,各 EAA 组分含量均与 EAA 总量呈极显著正相关,且相关系数均大于 0.9(除蛋氨酸外均大于 0.7),表明各 EAA 组分及其总量变化趋势基本一致。2018—2019 季、2019—2020 季和 2020—2021 季,EAA 总量分别在 24.26~31.99 mg/g、31.61~40.91 mg/g、25.73~35.06 mg/g,2019—2020 季 EAA 总量相对较大。

对于施氮水平处理对 EAA 的影响,2018—2019 季,各灌水条件下,N3 处理和 N2 处理之间的 EAA 总量差异均不显著,而 N2 处理、N1 处理和 N0 处理 EAA 总量表现为 N2>N1>N0。N3 处理、N2 处理和 N1 处理(不含 W0N3)EAA 总量均值分别比 N0 处理增加了 26.7%、26.9%、17.0%。2019—2020 季,W80 灌水处理条件下,N3 处理 EAA 总量大于 N2 处理,W60 处理和 W40 处理下,N3 和 N2 处理 EAA 总量之间差异均不显著。对于 N2 处理、N1 处理和 N0 处理,EAA 总量则表现为 N2 > N1 > N0。N3 处理、N2 处理和 N1 处理(不含 W0N3)EAA 总量均值分别比 N0 处理增加了 9.2%、3.4%、2.0%。2020— 2021 季,相同灌水条件下,各 EAA 组分含量表现为,N3 处理和 N2 处理差异不明显,N1 处理和 N0 处理差异不明显,但 N3 处理和 N2 处理 EAA 总量含量显著高于 N1 处理和 N0 处理。

表 5-7 冬小麦 3 个生长季籽粒必需氨基酸(EAA)组分含量 单位:mg/g

生长季	灌水水平	施氮水平	苏氨酸	缬氨酸	蛋氨酸	异亮氨酸	亮氨酸	苯丙氨酸	赖氨酸	总量
2018—2019 季	W80	N3	3.51	5.13	1.73	3.52	8.62	4.99	3.35	30.84b
		N2	3.50	5.14	1.68	3.57	8.69	5.01	3.32	30.91b
		N1	3.23	4.68	1.55	3.31	7.96	4.63	3.07	28.43c
		N0	2.79	4.03	1.41	2.73	6.65	3.87	2.78	24.26d
		AVG	3.26	4.74	1.59	3.28	7.98	4.63	3.13	28.61
	W60	N3	3.56	5.11	1.72	3.51	8.61	5.04	3.37	30.92b
		N2	3.52	5.14	1.70	3.53	8.64	5.01	3.36	30.91b
		N1	3.28	4.71	1.55	3.32	7.95	4.66	3.09	28.56c
		N0	2.82	4.03	1.41	2.74	6.64	3.90	2.81	24.35d
		AVG	3.30	4.75	1.60	3.28	7.96	4.65	3.16	28.68
	W40	N3	3.60	5.20	1.60	3.45	8.80	5.20	3.35	31.20b
		N2	3.58	5.21	1.65	3.48	8.82	5.17	3.33	31.24b
		N1	3.33	4.75	1.56	3.28	8.02	4.76	3.10	28.80c
		N0	2.84	4.13	1.46	2.76	6.72	4.01	2.81	24.73d
		AVG	3.34	4.82	1.57	3.24	8.09	4.79	3.15	28.99
	W0	N3	3.56	5.25	1.71	3.65	8.95	5.49	3.38	31.99a

续表 5-7

生长季	灌水水平	施氮水平	苏氨酸	缬氨酸	蛋氨酸	异亮氨酸	亮氨酸	苯丙氨酸	赖氨酸	总量
2019—2020 季	W80	N3	3.83	6.32	1.53	4.87	9.73	7.37	4.31	37.97c
		N2	3.63	6.20	1.49	4.93	9.40	7.23	4.30	37.18d
		N1	3.63	6.13	1.40	4.72	8.99	7.01	4.28	36.17ef
		N0	3.33	5.37	1.30	4.03	7.77	5.93	3.93	31.67h
		AVG	3.61	6.01	1.43	4.64	8.97	6.89	4.21	35.75
	W60	N3	3.80	6.30	1.63	4.83	9.47	7.27	4.30	37.60cd
		N2	3.58	6.15	1.58	4.84	9.18	7.02	4.32	36.68de
		N1	3.58	6.18	1.50	4.62	8.88	6.81	4.34	35.91f
		N0	3.32	5.31	1.39	4.04	7.69	5.90	3.96	31.61h
		AVG	3.57	5.99	1.52	4.58	8.81	6.75	4.23	35.45
	W40	N3	4.00	6.70	1.84	5.20	9.90	7.80	4.70	40.14b
		N2	3.81	6.62	1.84	5.20	9.73	7.51	4.70	39.41b
		N1	3.76	6.55	1.70	5.00	9.05	7.39	4.66	38.11c
		N0	3.49	5.79	1.60	4.23	7.84	6.31	4.25	33.51g
		AVG	3.76	6.41	1.74	4.91	9.13	7.25	4.58	37.79
	W0	N3	4.11	6.99	1.63	5.40	10.10	8.00	4.68	40.91a
2020—2021 季	W80	N3	3.61	5.80	1.27	4.50	8.53	6.00	4.00	33.71a
		N2	3.36	5.63	1.13	4.26	8.31	5.71	3.84	32.24ab
		N1	2.86	4.71	0.91	3.43	6.60	4.48	3.38	26.36cd
		N0	3.03	4.63	0.97	3.53	6.93	4.70	3.37	27.17cd
		AVG	3.21	5.19	1.07	3.93	7.58	5.22	3.65	29.86

续表 5-7

生长季	灌水水平	施氮水平	苏氨酸	缬氨酸	蛋氨酸	异亮氨酸	亮氨酸	苯丙氨酸	赖氨酸	总量
2020—2021 季	W60	N3	3.58	5.62	1.10	4.43	8.37	5.80	4.00	32.90ab
		N2	3.36	5.44	0.94	4.21	8.13	5.60	3.85	31.53abc
		N1	2.94	4.50	0.77	3.27	6.55	4.30	3.40	25.73d
		N0	3.05	4.42	0.83	3.42	6.85	4.48	3.37	26.43d
		AVG	3.24	4.99	0.91	3.82	7.48	5.05	3.65	29.15
	W40	N3	3.73	5.81	1.10	4.46	8.93	6.10	4.27	34.40a
		N2	3.48	5.65	0.96	4.23	8.69	5.89	4.15	33.04ab
		N1	2.95	4.71	0.77	3.34	6.93	4.63	3.63	26.97cd
		N0	3.16	4.72	0.83	3.60	7.25	4.85	3.67	28.07cd
		AVG	3.32	5.22	0.91	3.92	7.94	5.37	3.94	30.62
	W0	N3	3.67	5.90	1.23	4.58	8.96	6.40	4.32	35.06a

注：AVG 表示算术平均值，同一列内同一年的数据后不同小写字母表示处理之间差异达 5% 的显著水平。

表 5-8　各必需氨基酸(EAA)组分含量与其总量的相关系数

生长季	苏氨酸	缬氨酸	蛋氨酸	异亮氨酸	亮氨酸	苯丙氨酸	赖氨酸
2018—2019 季	0.994**	0.998**	0.942**	0.987**	0.999**	0.989**	0.990**
2019—2020 季	0.958**	0.986**	0.766**	0.993**	0.965**	0.996**	0.917**
2020—2021 季	0.980**	0.988**	0.838**	0.989**	0.993**	0.998**	0.951**

注：** 表示在极显著相关($p<0.01$)，* 表示在显著相关($p<0.05$)。

　　对于灌水处理对 EAA 的影响,2018—2019 季,相同施氮条件下,较高的灌水量导致较低的 EAA 含量,对于 N3 条件下,W80 处理、W60 处理、W40 处理灌水水平下,EAA 组分含量分别比 W0 处理降低了 3.61%、3.34%、2.47%,表明水分亏缺可以促进 EAA 含量的增加。2019—2020 季,对于相同施氮条件下,较高的灌水量导致较低的 EAA 含量,对于 N3 条件下,W80 处理、W60 处理、W40 处理灌水水平下,EAA 组分含量分别比 W0 处理降低了 7.4%、8.3%、2.1%,灌水水平处理造成的差异相比 2018—2019 季较大。2020—2021 季,尽管该季相同施氮条件下,灌水均未对 EAA 总量造成显著影响,但 N3 处理施氮条件下,W0 处理的 EAA 总量均大于其他灌水处理。对于 N3 处理条件下,W80 处理、W60 处理、W40 处理灌水水平下,EAA 总量分别比 W0 处理降低了 3.9%、6.2%、1.9%。

　　总体上,2019—2020 季 EAA 总量相比其他两季较高,3 个生长季均表现出了施氮促进 EAA 总量的增加,灌水导致 EAA 总量降低,各 EAA 组分含量与 EAA 总量随灌水施氮的变化趋势基本一致。

5.5.2　冬小麦籽粒非必需氨基酸(NEAA)含量

　　表 5-9 为冬小麦 3 个生长季籽粒非必需氨基酸(NEAA)组分含量,表 5-10 为各 NEAA 组分含量与 NEAA 总量的相关系数。灌水水平和施氮水平对 NEAA 组分含量的影响与 EAA 组分含量表现出了相似的规律。通过对各 NEAA 组分及其总量进行相关性分析(见表 5-10)发现,各 NEAA 组分均与 NEAA 总量呈极显著正相关,且相关系数均大于 0.9(除酪氨酸外均大于 0.6 外),表明各 NEAA 组分及其总量变化趋势基本一致。2018—2019 季和 2019—2020 季,相同灌水条件下,施氮量不超过 N2 处理时,NEAA 总量均随着施氮量的减小而减小;而对于 2020—2021 季,施氮量从 N1 处理增加至 N3 处理时,NEAA 总量均随着施氮量的增大而增大。3 年试验期水分亏缺会导致 NEAA 总量增加。灌水和施氮对各 NEAA 组分占 NEAA 总量的比例没有明显影响。2019—2020 季 NEAA 总量最高。2018—2019 季、2019—2020 季、2020—2021 季 NEAA 总量分别在 60.78~85.15 mg/g、78.25~106.14 mg/g、61.42~88.22 mg/g,各处理谷氨酸含量占比最高,2018—2019 季、2019—2020 季、2020—2021 季各处理谷氨酸分别约占 NEAA 含量的比例为 43.9%、47.0%、45.0%,年际间谷氨酸占比略有变化。

表 5-9　冬小麦 3 个生长季籽粒非必需氨基酸(NEAA)组分含量

单位:mg/g

生长季	灌水水平	施氮水平	天冬氨酸	丝氨酸	谷氨酸	甘氨酸	丙氨酸	酪氨酸	组氨酸	精氨酸	脯氨酸	总量
2018—2019 季	W80	N3	6.87	5.47	35.05	5.28	4.83	3.20	2.75	5.89	12.12	81.46c
		N2	6.78	5.48	35.24	5.31	4.82	3.07	2.75	5.92	12.21	81.58c
		N1	6.02	5.08	32.71	4.83	4.43	2.70	2.46	5.28	11.20	74.71e
		N0	5.02	4.19	25.66	4.11	3.88	2.35	2.09	4.59	8.89	60.78g
		AVG	6.17	5.05	32.17	4.88	4.49	2.83	2.51	5.42	11.11	74.63
	W60	N3	6.71	5.55	35.31	5.29	4.88	3.20	2.81	5.78	12.28	81.81c
		N2	6.79	5.52	35.22	5.29	4.84	3.16	2.79	5.86	12.20	81.67c
		N1	6.01	5.15	32.96	4.84	4.46	2.71	2.51	5.29	11.34	75.27d
		N0	5.02	4.20	25.79	4.12	3.92	2.34	2.12	4.58	8.93	61.02g
		AVG	6.13	5.11	32.32	4.89	4.53	2.85	2.56	5.38	11.19	74.96
	W40	N3	6.70	5.55	36.18	5.23	4.98	2.93	2.89	5.64	12.73	82.83b
		N2	6.67	5.57	36.23	5.25	4.98	2.87	2.91	5.60	12.71	82.79b
		N1	6.71	5.15	33.81	4.86	4.52	2.76	2.58	5.23	11.88	77.5d
		N0	5.06	4.31	36.32	4.15	3.90	2.38	2.21	4.63	9.12	72.08f
		AVG	6.29	5.15	35.64	4.87	4.60	2.74	2.65	5.28	11.61	78.83
	W0	N3	6.58	5.73	37.89	5.32	4.85	3.27	3.01	5.61	12.89	85.15c
2019—2020 季	W80	N3	7.03	5.90	45.08	5.80	4.90	1.67	3.80	6.41	15.33	95.93
		N2	6.81	5.86	44.71	5.93	5.02	1.58	3.80	6.26	14.86	94.85
		N1	6.56	5.53	42.91	5.64	5.04	1.76	3.57	6.28	14.20	91.48
		N0	5.83	5.10	35.83	5.03	4.43	1.50	3.13	5.57	11.83	78.25i
		AVG	6.56	5.60	42.13	5.58	4.83	1.65	3.58	6.14	14.06	90.13

续表 5-9

生长季	灌水水平	施氮水平	天冬氨酸	丝氨酸	谷氨酸	甘氨酸	丙氨酸	酪氨酸	组氨酸	精氨酸	脯氨酸	总量
2019—2020 季	W60	N3	6.93	6.00	45.00	5.77	4.97	1.47	3.73	6.27	15.37	95.51e
		N2	6.74	6.07	43.96	5.80	5.14	1.39	3.75	6.14	14.95	93.94f
		N1	6.63	5.67	43.40	5.51	5.05	1.54	3.53	6.11	14.10	91.54g
		N0	5.77	5.22	36.15	5.02	4.55	1.30	3.07	5.52	11.93	78.53i
		AVG	6.52	5.74	42.13	5.52	4.93	1.42	3.52	6.01	14.09	89.88
	W40	N3	7.80	6.20	49.70	6.40	5.40	1.90	4.00	7.00	16.30	104.7b
		N2	7.59	6.21	48.88	6.55	5.47	1.81	3.96	6.82	16.11	103.4c
		N1	7.36	5.73	46.89	6.09	5.51	2.04	3.77	6.90	14.97	99.26d
		N0	6.58	5.35	39.93	5.61	4.96	1.69	3.30	6.05	12.62	86.09h
		AVG	7.33	5.87	46.35	6.16	5.34	1.86	3.76	6.69	15.00	98.36
	W0	N3	7.70	6.30	50.70	6.60	5.60	2.20	3.87	7.10	16.07	106.14a
2020—2021 季	W80	N3	6.62	4.69	36.77	5.53	4.82	2.55	3.25	6.05	12.65	82.93c
		N2	6.31	4.54	36.15	5.19	4.48	2.29	3.17	5.36	12.19	79.68e
		N1	5.29	3.69	27.13	4.27	3.83	2.29	2.54	4.47	9.17	62.68h
		N0	5.49	4.03	27.60	4.26	3.89	1.96	2.26	4.75	8.59	62.83h
		AVG	5.93	4.24	31.91	4.81	4.26	2.27	2.81	5.16	10.65	72.04
	W60	N3	6.48	4.70	36.82	5.33	4.58	2.20	3.06	5.81	12.03	81.01d
		N2	6.26	4.46	35.86	4.93	4.28	2.04	3.12	5.16	11.57	77.68f
		N1	5.19	3.69	27.31	4.21	3.73	2.05	2.43	4.15	8.91	61.67i
		N0	5.33	3.85	27.83	4.21	3.65	1.71	2.19	4.45	8.20	61.42i
		AVG	5.82	4.18	31.96	4.67	4.06	2.00	2.70	4.89	10.18	70.46

续表 5-9

生长季	灌水水平	施氮水平	天冬氨酸	丝氨酸	谷氨酸	甘氨酸	丙氨酸	酪氨酸	组氨酸	精氨酸	脯氨酸	总量
2020—2021 季	W40	N3	6.95	4.88	39.01	5.42	4.93	2.58	3.12	6.07	12.79	85.75b
		N2	6.83	4.70	37.99	5.20	4.65	2.55	3.26	5.46	12.34	82.98c
		N1	5.48	3.88	28.94	4.20	3.80	2.45	2.40	4.55	9.21	64.91g
		N0	5.75	4.17	28.94	4.29	3.94	2.21	2.38	4.84	8.93	65.45g
		AVG	6.25	4.41	33.72	4.78	4.33	2.45	2.79	5.23	10.82	74.78
	W0	N3	7.17	4.87	40.30	5.60	4.95	2.37	3.40	6.33	13.23	88.22a

注:AVG 表示算术平均值,同一列内同一年的数据后不同小写字母表示处理之间差异达5%的显著水平。

表 5-10　各非必需氨基酸(NEAA)组分含量与非必需氨基酸总量的相关系数

生长季	天冬氨酸	丝氨酸	谷氨酸	甘氨酸	丙氨酸	酪氨酸	组氨酸	精氨酸	脯氨酸
2018—2019 季	0.914**	0.956**	0.923**	0.940**	0.932**	0.892**	0.957**	0.901**	0.948**
2019—2020 季	0.982**	0.932**	0.999**	0.968**	0.925**	0.727**	0.961**	0.965**	0.971**
2020—2021 季	0.986**	0.973**	0.996**	0.985**	0.984**	0.633*	0.966**	0.954**	0.991**

注:** 表示在极显著相关($p<0.01$),* 表示在显著相关($p<0.05$)。

5.6　讨　论

5.6.1　冬小麦生长指标

LAI、AB 是作物生长的重要指标,籽粒产量和作物 LAI、AB 呈显著正相关(Xu et al., 2018)。提高开花后 AB 是提高作物产量的有效途径(Shi et al., 2016;Wang et al., 2016),而 AB 的提高很大程度上依赖于 LAI,较高的 LAI

会导致较高的 AB(Man et al.，2017)。前人研究表明,氮素能够促进 LAI、AB 等生长指标,而水分亏缺则会导致生长指标产生负效应(Karam et al.，2009; Mon et al.，2016;Shirazi et al.，2014)。同时过量施氮也可能会对作物生长及产量产生负效应(Mon et al.，2016;Wang et al.，2017,2018),水分在调节土壤氮循环和植物氮吸收方面也起着至关重要的作用 (Guo et al.，2012)。 Montemurro 等(2007)发现,对于冬小麦,当施氮量超过 120 kg/hm^2 时,再增加施氮对生长指标及产量无显著提高。Si 等(2022)通过试验与模型模拟认为,对于华北地区冬小麦,当施氮量超过 180 kg/hm^2 时,AB、水分利用效率(WUE)无明显提高。Si 等(2020)通过田间试验研究发现,在华北地区,冬小麦施氮量超过 240 kg/hm^2 时,冬小麦生长指标、WUE 即不再增加。

本书研究发现,冬小麦 3 个生长季,当施氮量不超过 167 kg/hm^2(N2 处理)时,增加灌水量和施氮量都能促进冬小麦的叶面积(LAI)以及地上部分生物量(AB)增加。而且随着生长季的增加,N1 处理和 N0 处理的 LAI 和 AB 逐渐减小,造成由施氮处理导致的生长指标的差异逐年增大。灌水水平从 W60 处理增加至 W80 处理时对作物生长的促进作物较小,与 W60 处理相比,W80 处理 3 个生长季的 LAI、AB 的均值分别增长了 2.3%、2.7%。

本书研究还发现,2019—2020 季和 2020—2021 季冬小麦返青—拔节中期和开花期的 N2 处理、N1 处理和 N0 处理土壤硝态氮含量均值没有明显差异,个别处理 2019—2020 季反而高于 2020—2021 季土壤。但 2020—2021 季施氮水平处理造成的生长指标的差异却高于 2019—2020 季。这可能有以下几个原因造成:①低氮处理会相对降低土壤自养细菌群落的活性以及降低土壤有机碳的肥力(Wang et al.，2022);②施氮能够促进土壤团聚并提高碳储量(Lu et al.，2020),相反低氮处理降低了碳储量;③施氮量对土壤物理性质的影响主要是通过影响作物发育,秸秆腐解等因素也会间接影响土壤物理性质(庞党伟 等,2016);④适宜的施氮量也会改变土壤酶活性(梁国鹏 等, 2016;孙洪昌,2022),施氮在不同程度上提升了土壤脱氢酶和微生物生物量碳、基本呼吸和硝化势,稍微降低了土壤 pH 并大幅降低了速效磷含量(降幅 48.7%~51.6%)(陈林 等, 2014)。

5.6.2　冬小麦旗叶 SPAD 值

叶片 SPAD 值是一个无量纲的比值,反映了植物的叶绿素相对含量(邓霞,2020),叶绿素作为绿色植物光合作用中重要的光合色素,直接反映了作物的光合作用能力,有研究表明,小麦的产量与灌浆期旗叶的光合作用强度有关,其光合作用结果下的积累量可以达到籽粒产量的70%(王林林,2013;李文阳,2012)。普遍研究认为,一定范围内增施氮素可提高叶绿素含量,施氮能促进植物叶片叶绿素的合成,增加叶片叶绿素含量(曹翠玲 等,2003a;司转运,2017)。杨晴等(2002)研究表明,增施氮肥能提高叶片叶绿素含量,延长绿叶面积持续期。郭丽(2010 b)研究表明,冬小麦单季施氮量在0~300 kg/hm² 时,随施氮量增加叶片叶绿素含量逐渐上升,尤其是在2~3 年连续不施氮素的处理下,不施氮处理显著低于施氮处理。许多研究表明,在一定灌水范围内,叶片叶绿素含量随灌水量的增加而增加(郭丽,2010b;司转运,2017)。姚艳荣等(2008)认为,在土壤相对含水率大于70%时,能够延缓灌浆后期叶绿素降解;土壤相对含水率在60%~70%时,有利于旗叶叶绿素维持在适宜水平。本书研究表明,灌水对冬小麦开花期前旗叶的叶绿素相对含量(SPAD 值)无显著性影响,但较高的灌水量能够减小灌浆后期 SPAD 值的降低速率。

5.6.3　冬小麦旗叶光响应特征

净光合速率(P_n)是反映作物同化 CO_2、水等原料,生产有机物质的重要指标,水氮亏缺均会导致作物的光合能力降低。前人为研究不同有效辐射下作物光合作用的定量变化,建立了许多光响应模型,包括直角双曲线模型、非直角双曲线模型、指数模型、叶子飘模型等(金建新,2022;李理渊 等,2018),然而在光过饱和状态下往往会出现 P_n 降低的情况,大多数常用的模型均不能较好地模拟这种过饱和条件下的光抑制状况。本试验发现,在水分亏缺的情况下,光合有效辐射(PAR)超过约 1 000 mol/($m^2 \cdot s$)时,P_n 快速降低,非直角双曲线模型和直角双曲线模型无法准确模拟这种在光过饱和条件下的 P_n 下降的状况,而叶子飘模型更能准确描述水分亏缺条件下的光响应曲线。

对于胞间 CO_2 浓度(C_i),有研究表明,在过量施氮的条件下,C_i 随施氮量的增大而增大(李亚静,2020;孙旭生 等 2009;师筝,2022);也有研究表明,C_i 随施氮量的减小而减小(徐昭,2020;王海琪 等,2022;朱娅林,2019)。本书研究发现,在冬小麦灌浆期中期,在施氮量小于或等于 N3 条件下,C_i 随施氮量的增大而减小。分析其原因,一方面无氮肥亏缺的叶片获取 CO_2 的能力较强;另一方面其 P_n 较大,导致其消耗 CO_2 的速率也较大,故 C_i 是叶片输入 CO_2 和消耗 CO_2 的动态平衡结果,当增加施氮导致叶片利用 CO_2 速率与输入叶片的 CO_2 速率的差值增大的时候,则 C_i 可能表现为随施氮量的增大而减小,而当增加施氮导致叶片利用 CO_2 的速率与输入叶片的 CO_2 的速率差值变小的时候,则 C_i 表现为随施氮量的增大而增大。

5.6.4　冬小麦籽粒氨基酸含量

小麦籽粒的营养价值主要取决于蛋白质含量及蛋白质中氨基酸组成成分和平衡程度,水氮供应对小麦籽粒氨基酸具有明显的调控作用(白羿雄 等,2018;司转运,2017;付雪丽,2008)。多数研究结果表明,水分亏缺会导致小麦籽粒蛋白质、氨基酸含量上升(白羿雄 等,2018),氮肥亏缺会导致小麦籽粒氨基酸含量降低(郑志松 等,2011),且水氮互作存在显著的互作效应(白羿雄 等,2018;郑志松 等,2011)。水分亏缺可显著提高蛋白质及氨基酸含量,但氨基酸产量、赖氨酸产量和籽粒含量与水分调亏程度关系基本相似(刘小飞 等,2019)。

通过 3 年试验研究发现,相同灌水条件下,氮素亏缺会造成氨基酸总量降低,但当施氮量从 N2 处理增大至 N3 处理时(不考虑 W0N3 处理),3 个生长季氨基酸总量均值分别增大了约 0.02%、1.57%、3.95%,3 个试验季各灌水条件下 N3 处理和 N2 处理之间氨基酸总量均没有显著差异;在相同施氮条件下,W80 处理和 W60 处理均没有表现出显著性差异,但当灌水定额小于 W60 处理时,较低的灌水量显著增加了氨基酸含量,这与前人研究结果相似(刘小飞等,2019;司转运,2017)。本书研究还发现,2020—2021 季 N1 处理和 N0 处理施氮水平之间氨基酸总量差异不明显,这可能是由于 N1 处理和 N0 处理经过前两季对土壤氮素的消耗,土壤氮素营养水平和其他环境状况较差,在这种条件下在 N1 处理和 N0 处理施氮范围内施氮,对氨基酸总量影响不明显。

有研究表明水氮处理条件下各氨基酸组分变化趋势和氨基酸总量变化趋势一致(司转运,2017),也有研究认为施氮会导致不同氨基酸组分变化趋势不一致(李焕春,2005)。本书研究发现,在不同水氮供应条件下,各必需氨基酸和非必需氨基酸含量变化趋势基本一致,这与司转运(2017)和李焕春(2005)的研究结果基本一致。

5.7　小　结

(1)冬小麦 3 个生长季,较高的施氮量表现为对生长指标的促进作用,但当施氮量从 N2 处理增加至 N3 处理时,对冬小麦叶面积指数(LAI)以及地上部分生物量(AB)均无显著增加;而且随着生长季的增加,低氮处理(N1 处理和 N0 处理)对土壤氮素的消耗及其对土壤环境产生的负面效应,导致冬小麦的生长发育状况逐年变弱。当灌水水平从 W60 处理增加至 W80 处理时,对作物生长的促进作用较小,3 个生长季,AB 均无显著性增加。

(2)冬小麦收获时各处理茎、叶、穗生物量占 AB 的比例没有明显的差异。冬小麦茎、叶、穗生物量分别约占 AB 的 28%、7%、65%。

(3)氮素亏缺会导致冬小麦旗叶叶绿素相对含量(SPAD 值)减小,并使得冬小麦生育末期旗叶 SPAD 值加速下降。在冬小麦灌浆—成熟中期之前,水分亏缺不会显著降低冬小麦旗叶 SPAD 值;但灌浆—成熟中期之后,水分亏缺会导致 SPAD 值加速下降,导致在冬小麦生育末期水分亏缺条件下的 SPAD 值显著低于高水处理。

(4)对于冬小麦灌浆中期旗叶光响应曲线特征,各处理在低光合有效辐射,即 PAR 为 $0 \sim 150$ $\mu mol/(m^2 \cdot s)$,无论水分氮素亏缺与否,冬小麦旗叶 P_n 均随着 PAR 的增加而近乎直线上升(线性相关系数均≥0.98)。对于无水分亏缺的处理,当 PAR 大于 200 $\mu mol/(m^2 \cdot s)$ 时,冬小麦旗叶 P_n 增长速率开始逐渐降低直至保持稳定;对于水分亏缺处理,当 PAR 超过一定值[约 1 000 $\mu mol/(m^2 \cdot s)$]时反而会导致 P_n 的下降。直角双曲线模型与叶子飘模型均能较好地模拟无水分亏缺条件下的光响应曲线,对于水分亏缺条件下,叶子飘模型具有较好的拟合效果。气孔导度(S_c)、蒸腾速率(T_r)与 P_n 的光响应变化趋势基本一致;灌水和施氮对胞间 CO_2 浓度(C_i)均表现为促进作用。

(5)冬小麦籽粒各氨基酸(AA)组分含量随水氮处理的变化趋势基本一致,水分亏缺会促进冬小麦籽粒氨基酸含量的产生,而氮素亏缺会导致冬小麦籽粒各氨基酸降低。各必需 AA 组分含量均与其总量呈极显著正相关,且相关系数均大于 0.9(除蛋氨酸外均大于 0.7);各非必需 AA 组分含量均与其总量呈极显著正相关,且相关系数均大于 0.9(除酪氨酸外均大于 0.6)。

第 6 章　水氮对冬小麦氮素
代谢和吸收特性的影响

作物吸收并利用土壤氮素,是灌溉施肥过程中土壤氮素的一个主要去向。本章主要分析了冬小麦旗叶与籽粒的氮代谢酶活性动态、冬小麦旗叶全氮含量动态、冬小麦植株全氮含量与氮素积累量、冬小麦植株氮素的吸收利用及其与花后耗水量的关系。揭示了冬小麦花后旗叶与籽粒氮素同化能力动态变化状况,探明了旗叶积累与转运氮素的动态过程,阐明了不同水氮条件下的作物全氮和氮素积累变化规律,以及花后耗水量与籽粒氮素积累和转运的关系,为提高氮素利用效率提供了支撑。

6.1　冬小麦旗叶、籽粒氮代谢酶活性与
旗叶全氮含量

6.1.1　冬小麦旗叶与籽粒硝酸还原酶活性

6.1.1.1　冬小麦旗叶硝酸还原酶活性

图 6-1(a)为 2020—2021 季 W80 灌水处理条件下的各施氮水平处理冬小麦花后旗叶硝酸还原酶(NR)活性动态,图 6-1(b)为该季 N3 施氮条件下的各灌水水平处理冬小麦花后旗叶 NR 活性动态。对于旗叶 NR 活性,各处理均在花后第 7 天达到最大值,之后逐渐降低,且下降速率逐渐减小。对于 W80灌水处理条件下的各施氮水平处理,大多时期 N3 处理和 N2 处理差异不显著,施氮量不超过 N2 处理时,旗叶 NR 活性随施氮量的增加而增加。对 NR活性最大时(花后第 7 天)分析,N3 处理、N2 处理、N1 处理分别比 N0 处理高37.2%、37.3%、17.0%。对于 N3 施氮处理条件下的各灌水水平处理,可以看出,开花第 0~7 天,W80 处理、W60 处理、W40 处理之间差异较小,但均显著高于 W0 处理;花后第 7 天,W80 处理、W60 处理、W40 处理分别比 W0 处理高29.1%、25.3%、23.3%。可以看出,水分亏缺加速了旗叶 NR 失活,至花后第28 天 W0 处理的 NR 接近完全失活,其他处理在花后第 42 天完全失活。

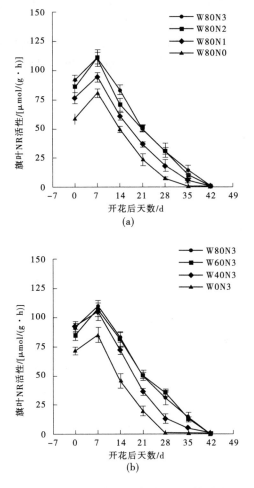

图 6-1　花后冬小麦旗叶 NR 活性动态

6.1.1.2　冬小麦籽粒硝酸还原酶活性

图 6-2(a) 为 2020—2021 季 W80 灌水条件下的各施氮水平处理冬小麦花后籽粒硝酸还原酶(NR)活性动态,图 6-2(b) 为该季 N3 施氮条件下的各灌水水平处理冬小麦花后籽粒 NR 活性动态。可以看出,从花后第 7 天开始,籽粒 NR 先呈缓慢降低趋势,除 W0N3 处理外,其他处理均在花后第 21~28 天急剧降低接近完全失活。对于 W80 灌水条件下的各施氮水平处理,可以看出,籽粒 NR 随施氮量的减小而减小,在花后第 7 天,N3 处理、N2 处理、N1 处理分别比 N0 处理高 113.9%、94.5%、67.3%。对于 N3 施氮条件下的各灌水水平处

理,在花后第 7 天,W80 处理、W60 处理、W40 处理分别比 W0 处理高
126.7%、122.1%、99.2%,W80 处理和 W60 处理之间无显著差异,从第 14~21
天可以看出,W0 处理和 W40 处理籽粒 NR 活性下降速率明显高于 W80 处理
和 W60 处理,且 W0 处理在花后第 21 天 NR 活性已经极低,接近于完全失活,
表明水分亏缺加快了籽粒 NR 活性的下降速率。

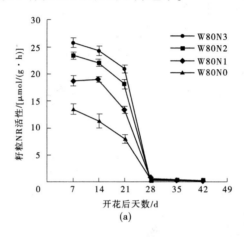

(a)

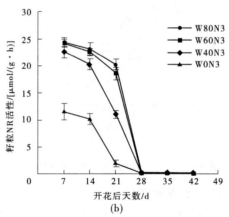

(b)

图 6-2　花后冬小麦籽粒 NR 活性动态

6.1.2　冬小麦旗叶与籽粒谷氨酰胺酶活性

6.1.2.1　冬小麦旗叶谷氨酰胺酶活性

图 6-3(a)为 2020—2021 季 W80 灌水条件下的各施氮水平处理冬小麦花
后旗叶谷氨酰胺酶(GS)活性动态,图 6-3(b)为该季 N3 施氮条件下的各灌水

水平处理冬小麦花后旗叶 GS 活性动态。对于旗叶 GS 活性,各处理均在花后第 7 天达到最大值,之后逐渐降低,至第 42 天各处理 GS 活性接近完全失活,其中 W0N3 处理约在花后第 28 天完全失活。对于 W80 灌水条件下的各施氮水平处理,在花后第 14~28 天内 GS 活性下降速率较快,第 28~42 天下降速率逐渐变慢。对 W80 灌水条件下的各施氮水平处理 GS 活性最大时进行分析(花后第 7 天),N3 处理、N2 处理、N1 处理分别比 N0 处理高 40.4%、31.2%、16.2%。对于 N3 施氮处理条件下的各灌水处理,在花后第 0~7 天 W80 处理、W60 处理和 W40 处理之间无显著差异,对各灌水水平处理 GS 活性最大时进行分析(花后第 7 天),W80 处理、W60 处理、W40 处理分别比 W0 处理高

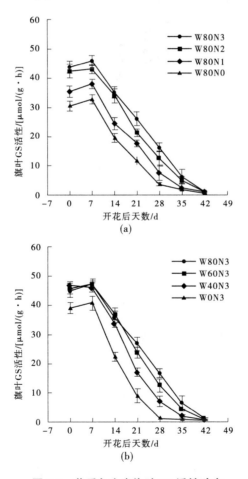

图 6-3　花后冬小麦旗叶 GS 活性动态

15.6%、15.6%、13.1%。花后第 7 天开始,各灌水处理之间的差异开始逐渐增大,表明水分亏缺加快了旗叶 GS 活性的降低。

6.1.2.2　冬小麦籽粒谷氨酰胺酶活性

图 6-4(a)为 2020—2021 季 W80 灌水条件下的各施氮水平处理冬小麦花后籽粒谷氨酰胺酶(GS)活性动态,图 6-4(b)为该季 N3 施氮条件下的各灌水水平处理冬小麦花后籽粒 GS 活性动态。对于籽粒 GS 活性,W80 灌水水平处理下的各施氮水平处理,在花后第 7~21 天内逐渐下降,在第 21~28 天急剧下降接近于 0;对于 N3 处理下的各灌水水平处理,W80 处理、W60 处理在第 7~

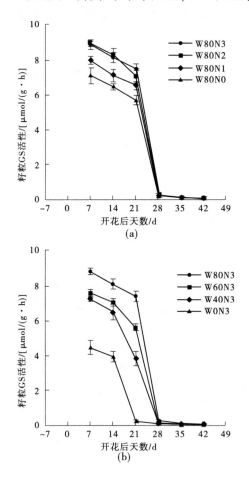

图 6-4　花后冬小麦籽粒 GS 活性动态

21 天内快速下降,在第 21~28 天急剧下降接近于 0,对于 W40 处理花后第
14~28 天一直保持快速下降,至第 28 天降至接近于 0,对于 W0 处理,第 21 天
就下降接近于 0,表明水分亏缺加速了籽粒酶的失活。整体上,冬小麦籽粒
GS 失活速率高于旗叶。对 W80 灌水条件下的各施氮水平处理 GS 活性最大
时进行分析(第 7 天),N3 处理、N2 处理、N1 处理分别比 N0 处理高 25.3%、
26.2%、12.6%;对 N3 处理下的各灌水水平处理 GS 活性最大时进行分析(第
7 天),W80 处理、W60 处理、W40 处理分别比 W0 处理高 97.1%、69.8%、
61.9%。

6.1.3　冬小麦旗叶全氮含量

图 6-5(a)为 2020—2021 季 W80 灌水条件下的各施氮水平处理冬小麦花
后旗叶全氮含量动态,图 6-5(b)为该季 N3 施氮条件下的各灌水水平处理冬
小麦花后旗叶全氮含量动态。

由图 6-5 可知,冬小麦旗叶全氮含量均在花后第 14 天达到最大值,之后
逐渐降低,且下降趋势逐渐变缓,这表明各处理从第 14 天开始,冬小麦旗叶从
外界吸收同化氮素的速率开始小于向籽粒转运氮素的速率,各施氮处理旗叶
全氮含量下降速率无明显差异。在 W80 灌水处理条件下,增加施氮量提高花
后各时期的旗叶全氮含量,且从开花时第 0~35 天,各施氮处理变化趋势基本
一致,从花后第 35~42 天,各灌水处理旗叶全氮含量几乎保持稳定,表明旗叶
在水分充足的条件下,约在花后第 35 天开始停止向籽粒转运氮素。花后第
42 天(成熟期),较高的施氮水平处理产生了较高的旗叶全氮含量,从第 0~42
天,N3 处理、N2 处理、N1 处理和 N0 处理旗叶全氮含量分别下降了 6.0、6.9、
5.1、3.1,这表明氮素亏缺导致花后旗叶向籽粒迁移氮素量减少。对于 N3 施
氮条件下的各灌水处理,在一定范围内增加灌水量也可以促进旗叶全氮含量,
花后第 0~7 天,W80 处理、W60 处理、W40 处理之间无明显差异,但均显著高
于 W0 处理,表明干旱可以抑制旗叶氮素的积累;花后第 14~28 天,W60 处
理、W40 处理、W0 处理之间差异增大,即较低的灌水处理全氮含量开始低于
较高的灌水处理,表明开花后干旱条件下又促进了单位质量叶片的氮素转运
速率。但在极度干旱条件下(W0N3 处理),旗叶全氮含量在花后第 28 天后,
变化量极小,表明极端干旱提前结束了旗叶氮素向籽粒的转运。各处理在花
后第 35~42 天旗叶全氮含量几乎无变化。

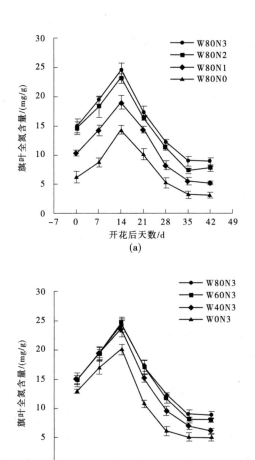

图 6-5　花后冬小麦旗叶全氮含量动态

6.2　冬小麦植株全氮含量

6.2.1　冬小麦开花期植株全氮含量

表 6-1 和表 6-2 分别为冬小麦 3 个生长季开花期植株全氮含量及其方差

分析结果。3 年生长季除 2020—2021 季灌水对各器官全氮含量没有产生显著影响外,灌水和施氮对各器官及全株全氮含量均产生了显著影响($p < 0.05$),3 个生长季灌水和施氮的交互作用仅在 2018—2019 季对茎部全氮含量产生了显著影响。3 个生长季,相同灌水条件下,冬小麦植株各部全氮含量均随施氮量的增加而增加,但 N3 处理和 N2 处理差异均不显著。

表 6-1 冬小麦 3 个生长季开花期植株全氮含量 单位:mg/g

生长季	灌水水平	施氮水平	茎	叶	穗	全株
2018—2019 季	W80	N3	8.91ab	25.07a	9.73a	12.06a
		N2	9.15a	24.38a	9.11ab	11.84ab
		N1	7.81cd	22.17bcd	8.60bc	10.60c
		N0	6.21ef	18.19f	7.86c	8.79ef
		AVG	8.02	22.45	8.82	10.82
	W60	N3	9.12a	25.17a	9.31ab	11.91a
		N2	8.96ab	23.60ab	9.52a	11.76ab
		N1	8.24bc	20.62e	9.13ab	10.69c
		N0	5.36g	17.49f	8.66bc	7.92f
		AVG	7.92	21.72	9.16	10.57
	W40	N3	8.41b	20.84cde	9.11ab	10.88bc
		N2	7.40de	22.36bc	8.80bc	10.49cd
		N1	6.55de	21.13cde	8.29bc	9.51de
		N0	5.94fg	17.85f	7.48c	8.36ef
		AVG	7.07	20.54	8.42	9.81
	W0	N3	8.15bc	20.16e	8.20bc	10.14cd

续表 6-1

生长季	灌水水平	施氮水平	茎	叶	穗	全株
2019—2020 季	W80	N3	9.18a	24.52ab	9.54ab	12.02ab
		N2	9.35a	25.03a	9.80a	12.31a
		N1	7.10d	21.42c	9.20abc	10.12cd
		N0	5.88e	18.21d	8.00de	8.51d
		AVG	7.88	22.29	9.13	10.74
	W60	N3	8.94ab	25.02a	9.35abc	12.03ab
		N2	8.76b	25.48a	9.24abc	12.00ab
		N1	7.78cd	21.50c	9.06abc	10.32c
		N0	5.63e	16.61e	8.26cde	8.01de
		AVG	7.78	22.15	8.98	10.59
	W40	N3	8.31bc	23.71b	9.84a	11.19b
		N2	8.29bc	24.20ab	9.11abc	11.26b
		N1	7.19d	20.16c	8.56bcd	9.66cd
		N0	4.62f	16.02e	7.28e	7.04e
		AVG	7.10	21.02	8.70	9.79
	W0	N3	7.76cd	21.47c	8.59bcd	10.34c
2020—2021 季	W80	N3	9.12a	23.81a	9.69a	11.97ab
		N2	8.72abc	23.02ab	9.44a	11.39b
		N1	6.08e	17.83d	7.75cde	8.15cd
		N0	3.72f	13.96e	7.03e	5.89e
		AVG	6.91	19.66	8.48	9.35

续表 6-1

生长季	灌水水平	施氮水平	茎	叶	穗	全株
2020—2021 季	W60	N3	9.31a	24.33a	9.61a	12.03a
		N2	8.50bc	24.54a	9.26ab	11.50ab
		N1	5.65e	17.02d	8.21bcd	7.95d
		N0	3.42f	13.33e	7.65de	5.87e
		AVG	6.72	19.81	8.68	9.34
	W40	N3	8.87abc	23.40ab	10.20a	11.73ab
		N2	8.46bc	23.59ab	9.48a	11.44b
		N1	6.66de	20.88c	8.25bcd	9.26c
		N0	3.13f	12.71e	7.30e	5.49e
		AVG	6.78	20.14	8.81	9.48
	W0	N3	7.83cd	22.72b	8.71ab	11.14b

注:AVG 表示算术平均值,同一列内同一年的数据后不同小写字母表示处理之间差异达 5%显著水平。

表 6-2 冬小麦 3 个生长季开花期植株全氮含量方差分析 (p 值)

生长季	因子	茎	叶	穗	全株
2018—2019 季	W	0.037	0.011	0.039	0.035
	N	0	0	0.014	0
	W×N	NS	0.026	NS	NS
2019—2020 季	W	0.022	0.031	0.036	0.037
	N	0	0	0	0
	W×N	NS	NS	NS	NS
2020—2021 季	W	NS	NS	NS	NS
	N	0	0	0	0
	W×N	NS	NS	NS	NS

注:W 表示灌水因子,N 表示施氮因子,W×N 表示灌水和施氮交互作用,NS 代表 $p>0.05$,差异不显著。

2018—2019 季、2019—2020 季和 2020—2021 季各处理全株全氮含量分别在 7.92~12.06 mg/g、7.04~12.31 mg/g 和 5.49~12.03 mg/g,茎部全氮含量分别在 5.36~9.15 mg/g、4.62~9.35 mg/g 和 3.13~9.31 mg/g,叶部全氮含量分别在 17.49~25.17 mg/g、16.02~25.48 mg/g 和 12.71~24.54 mg/g,穗部全氮含量分别在 7.48~9.73 mg/g、7.28~9.84 mg/g 和 7.03~10.20 mg/g。可以看出随着生长季的增加,各部器官全氮含量最小值逐渐降低,对比茎、叶、穗全氮含量,表现出叶部全氮含量最高。当施氮量从 N0 处理增加至 N3 处理时(不考虑 W0N3 处理),2018—2019 季茎、叶、穗全氮含量均值分别增加了 51.0%、32.8%、17.2%,2019—2020 季分别增加了 51.3%、28.8%、19.0%,2020—2021 季分别增加了 166.0%、78.9%、34.2%,3 个生长季均表现出茎部全氮含量增幅最大,其次叶部、穗部变化幅度最小,表明开花期茎叶全氮含量比穗部更容易受到施氮水平的影响。对于各灌水水平植株各部全氮含量均值,灌水水平从 W40 处理增大至 W80 处理时,2018—2019 季的茎、叶、穗全氮含量均值分别增加了 13.4%、9.3%、4.8%,2019—2020 季分别增加了 10.9%、6.0%、3.2%,2020—2021 季分别增加了 1.9%、-2.4%、-3.8%,第 3 季灌水对各器官全氮含量的影响较小,这主要是由于返青—拔节阶段没有进行灌溉。

整体上分析 3 个生长季可以发现,施氮水平处理对植株全氮含量的影响要远大于灌水水平处理对小麦植株全氮含量的影响。叶部含氮量最高,茎部和穗部差异不明显,增加施氮量均促进了作物茎叶和穗部全氮含量的增加,除 2020—2021 季外,较高的灌水量也表现出了对全氮含量的促进作用,对比灌水和施氮,施氮对小麦植株全氮含量的影响更大,对比茎、叶、穗各部,茎部更容易受到灌水和施氮水平的影响。同时由于低氮处理在前期对土壤氮素的消耗,随着生长季的增加,低氮处理小麦植株全氮含量逐渐降低,至 2020—2021 季时,N0 处理条件下冬小麦茎、叶、穗全氮含量均值分别比 2018—2019 季降低了 41.4%、25.3%、8.4%。

6.2.2　冬小麦成熟期植株全氮含量

表 6-3 和表 6-4 分别为冬小麦 3 个生长季成熟期植株全氮含量及其方差分析结果。3 个生长季,除 2018—2019 季灌水对茎叶全氮含量没有产生显著影响外,灌水和施氮均对小麦植株全氮含量产生了显著性影响($p<0.05$)。其中,2020—2021 季施氮水平处理对茎叶、籽粒和全株均产生了极显著影响($p<0.01$),灌水和施氮的交互作用仅在 2020—2021 季对全株全氮含量产生了显著影响。

表 6-3　冬小麦 3 个生长季成熟期植株全氮含量　　　单位:mg/g

生长季	灌水水平	施氮水平	茎叶	籽粒	全株
2018—2019 季	W80	N3	3.88a	14.74a	9.02a
		N2	3.65a	14.67a	8.91a
		N1	3.36ab	14.35ab	8.64ab
		N0	3.26b	14.13ab	8.37abc
		AVG	3.54	14.47	8.74
	W60	N3	3.74a	14.79a	9.04a
		N2	3.38ab	14.99a	8.96a
		N1	3.38ab	13.54bc	8.27bc
		N0	3.17b	13.59bc	8.03bc
		AVG	3.42	14.23	8.59
	W40	N3	3.60a	13.88abc	8.53ab
		N2	3.32ab	14.13ab	8.49abc
		N1	3.18b	14.46ab	8.78ab
		N0	3.04b	13.78bc	8.07bc
		AVG	3.28	14.06	8.47
	W0	N3	3.35ab	12.85c	7.86c
2019—2020 季	W80	N3	3.59a	14.02a	8.56a
		N2	3.48ab	13.87a	8.40ab
		N1	3.25abc	13.25ab	7.92abc
		N0	2.84cde	11.54bcd	6.78cde
		AVG	3.29	13.17	7.92

续表 6-3 单位:mg/g

生长季	灌水水平	施氮水平	茎叶	籽粒	全株
2019—2020 季	W60	N3	3.66a	13.87a	8.58a
		N2	3.24abc	13.87a	8.34abc
		N1	3.05bcd	13.32ab	7.89abc
		N0	2.49e	11.37cd	6.56de
		AVG	3.11	13.11	7.85
	W40	N3	3.50ab	13.66a	8.47ab
		N2	3.65a	13.62a	8.56a
		N1	3.05bcd	12.36bc	7.52bcd
		N0	2.58de	10.97d	6.32e
		AVG	3.20	12.66	7.73
	W0	N3	3.13bc	11.36cd	7.13cde
2020—2021 季	W80	N3	4.14a	13.32a	8.46a
		N2	3.85ab	12.44ab	7.90ab
		N1	3.34bcd	12.03abc	7.54bc
		N0	1.91def	10.40de	5.53ef
		AVG	3.31	12.05	7.40
	W60	N3	3.96a	13.12a	8.30a
		N2	3.83ab	12.80a	8.04ab
		N1	2.65de	11.05 bcd	6.69cde
		N0	1.64fg	8.40e	4.43f
		AVG	3.02	11.34	6.89

续表 6-3

单位:mg/g

生长季	灌水水平	施氮水平	茎叶	籽粒	全株
2020—2021 季	W40	N3	3.35bcd	12.19ab	7.62abc
		N2	3.38abc	12.06abc	7.65abc
		N1	2.53ef	10.49cde	6.22def
		N0	1.42g	8.87e	4.72f
		AVG	2.67	10.90	6.59
	W0	N3	3.13cde	11.26bcd	7.35bcd

注:AVG 表示算术平均值,表中同一年内同一列数据中不同小写字母表示处理之间差异达 5% 显著水平。

表 6-4　冬小麦 3 个生长季成熟期植株全氮含量方差分析(p 值)

生长季	因子	茎叶	籽粒	全株
2018—2019 季	W	NS	0.031	0.039
	N	0.013	0.015	0.009
	W×N	NS	NS	NS
2019—2020 季	W	0.022	0.031	0.025
	N	0.002	0.012	0.003
	W×N	NS	NS	NS
2020—2021 季	W	0.035	0.041	0.044
	N	0	0	0
	W×N	NS	NS	0.042

注:W 表示灌水因子,N 表示施氮因子,W×N 表示灌水和施氮交互作用,NS 代表 $p>0.05$,差异不显著。

2018—2019 季、2019—2020 季和 2020—2021 季各处理植株全氮含量分别在 7.86~9.04 mg/g、6.32~8.58 mg/g 和 4.43~8.46 mg/g,随着生长季的增加,各季最低全氮含量逐渐降低。当施氮量从 N0 处理增加至 N3 处理时,2018—2019 季茎叶和籽粒全氮含量均值分别增加了 18.6% 和 4.6%,2019—2020 季分别增加了 35.9% 和 22.7%,2020—2021 季分别增加了 130.3% 和

39.7%。可以看出,茎叶全氮含量比籽粒更容易受到施氮水平的影响。对于 N3 施氮处理条件下各灌水处理植株全氮含量,2018—2019 季 W80 处理、W60 处理、W40 处理分别比 W0 处理增加了 20.0%、20.3%、18.8%,2019—2020 季 分别增加了 20.0%、20.3%、18.8%,2020—2021 季分别增加了 15.17%、 12.93%、3.77%,同时对茎叶和籽粒的全氮含量分析发现,籽粒全氮含量随灌 水变化的幅度相对更小,而茎叶全氮含量随灌水变化的幅度相对更大。

整体上,3 个生长季籽粒氮含量与茎叶部全氮含量的比值在 3.2~6.2 内 波动,且在施氮量不超过 N2 处理的条件下,随着施氮量降低,籽粒全氮含量 与茎叶部全氮含量的比值逐渐增大(茎叶部全氮含量下降幅度更大),这表明 在氮素亏缺的条件下,籽粒全氮含量相比茎叶部受氮肥亏缺影响较小,即冬小 麦植株会通过牺牲茎叶部的全氮含量来保证籽粒全氮含量。而对于灌水水平 处理,灌水条件的改变对茎叶和籽粒全含量的比值影响较小且没有明显规律。 在施氮量不超过 N2 处理的范围内,增加施氮量均显著促进了作物茎叶和籽 粒全氮含量的增加,而较高的灌水量也表现出了对全氮含量的促进作用,对比 灌水和施氮,施氮对小麦植株全氮含量的影响更大。同时由于低氮处理在前 期对土壤氮素的消耗,随着生长季的增加,低氮处理小麦植株全氮含量逐渐降 低,至 2021 年成熟期,N0 处理条件下茎叶、穗全氮含量均值分别比 2019 年成 熟期降低了 47.5%、33.3%。

6.3　冬小麦植株氮素积累量

6.3.1　冬小麦开花期氮素积累量

表 6-5 和表 6-6 分别为冬小麦 3 个生长季开花期植株氮素积累量及其方 差分析结果。冬小麦 3 个生长季,除 2019—2020 季灌水对穗部氮素积累量产 生了显著影响($p<0.05$)外,灌水和施氮对各部和全株氮素积累量均产生了极 显著影响($p<0.001$),灌水和施氮交互作用均无显著影响。

2018—2019 季、2019—2020 季和 2020—2021 季各处理植株氮素积累量 分别在 60.85 ~ 141.89 kg/hm^2、47.84 ~ 144.02 kg/hm^2 和 21.85 ~ 137.88 kg/hm^2,3 个生长季最低氮素积累量的处理均为 W40N0 处理。相同灌水条件 下,N3 处理和 N2 处理植株氮素积累量均差异相对较小。对于各施氮水平处 理氮素积累量均值,2018—2019 季 N3 处理、N2 处理、N1 处理(不含 W0N3 处 理)分别比 N0 处理增加了 101.3%、91.9%、62.4%,2019—2020 季分别增加了 118.5%、120.2%、57.1%,2020—2021 季分别增加了 404.1%、354.3%、140.1%,随着生长季的增加由施氮处理造成的差异逐渐增大。对于各灌水处理氮素积累量均值,2018—2019 季 W80 处理和 W60 处理分别比 W40 处理增加了 18.1%、10.4%,2019—2020 季分别增加了 27.0%、19.2%,2020—2021 季分别增加了 10.9%、12.7%,可以看出,尽管灌水处理从 W60 增加至 W80 时,氮素积累量有所增加,但增加幅度较小。第 3 季相同施氮条件下,W80 处理、W60 处理、W40 处理之间对全株氮素积累量无显著影响,这主要是该季返青—拔节阶段没有进行灌水导致的,但可以看出第 3 季在 N3 施氮处理条件下,各灌水处理植株氮素积累量均高于 W0 处理。

　　总体上,各处理均为茎部氮素积累量最高,其次是叶部,穗部积累量最小。适宜的灌水和施氮均会促进冬小麦植株的氮素积累量,由于施氮水平处理造成的氮素积累量的差异,随着生长季的增加,是逐渐增大的。

表 6-5　冬小麦 3 个生长季开花期植株氮素积累量　　单位:kg/hm²

生长季	灌水水平	施氮水平	茎	叶	穗	全株
2018—2019 季	W80	N3	61.36a	53.94a	26.59a	141.89a
		N2	59.88ab	47.36a	22.82a	130.06ab
		N1	48.11b	42.39ab	20.97ab	111.47cd
		N0	28.80d	26.68cd	15.26bc	70.74e
		AVG	49.54	42.59	21.41	113.54
	W60	N3	60.68a	46.57a	21.36ab	128.62ab
		N2	58.33a	47.39a	23.61a	129.33ab
		N1	48.14b	36.94bc	20.40abc	105.48cd
		N0	26.72d	21.26e	13.10c	61.08e
		AVG	48.47	38.04	19.62	106.13
	W40	N3	52.04b	41.62ab	23.65a	117.31bc
		N2	45.44bc	43.55ab	21.37ab	110.36cd
		N1	39.14c	37.41bc	19.35abc	95.91d
		N0	26.12d	22.65e	12.07c	60.85e
		AVG	40.69	36.31	19.11	96.11
	W0	N3	39.07c	24.67de	11.50c	75.24e

续表 6-5

生长季	灌水水平	施氮水平	茎	叶	穗	全株
2019—2020 季	W80	N3	64.36a	52.69a	26.97a	144.02a
		N2	62.61a	52.51a	26.67a	141.79a
		N1	41.85cd	37.72abc	21.25ab	100.82bcd
		N0	27.61ed	24.62cde	12.64cd	64.88ef
		AVG	49.11	41.88	21.88	112.88
	W60	N3	55.75ab	50.45a	24.01a	130.21ab
		N2	56.84ab	54.05a	25.23a	136.12ab
		N1	43.79cd	32.15bcd	17.32bc	93.25cd
		N0	27.90ed	21.98de	14.29cd	64.17ef
		AVG	46.07	39.66	20.21	105.94
	W40	N3	51.17bc	39.19abc	21.84ab	112.20bc
		N2	49.24bc	42.07ab	20.28ab	111.59bc
		N1	38.13de	29.15cde	16.58bc	83.86de
		N0	19.88d	17.99e	9.97d	47.84f
		AVG	39.61	32.10	17.17	88.87
	W0	N3	33.87e	26.75cde	12.89cd	73.51e
2020—2021 季	W80	N3	60.19a	49.27a	23.95a	133.41a
		N2	54.78a	42.13ab	21.78ab	118.69b
		N1	30.06bc	19.87de	10.82cde	60.76d
		N0	11.75d	10.05e	6.45ef	28.25e
		AVG	39.19	30.33	15.75	85.28
	W60	N3	63.23a	49.18a	25.46a	137.88a
		N2	55.90a	46.83ab	21.56ab	124.28ab
		N1	25.99c	19.17de	12.61cd	57.77d
		N0	9.76d	9.48e	7.31def	26.54e
		AVG	38.72	31.16	16.74	86.62
	W40	N3	51.69ab	40.39ab	22.96ab	115.03b
		N2	44.69ab	39.21abc	21.29ab	105.18b
		N1	29.14bc	23.33cd	13.01cd	65.48d
		N0	8.02d	8.16e	5.67f	21.85e
		AVG	33.38	27.77	15.73	76.89
	W0	N3	31.62bc	35.62bc	17.32bc	84.56c

注:AVG 表示算术平均值,同一列内同一年的数据后不同小写字母表示处理之间差异达 5% 的显著水平。

表 6-6　冬小麦 3 个生长季开花时植株氮素积累量方差分析(p 值)

生长季	因子	茎	叶	穗	全株
2018— 2019 季	W	0	0	0	0
	N	0	0	0	0
	W×N	NS	NS	NS	NS
2019— 2020 季	W	0	0	0	0
	N	0	0	0	0
	W×N	NS	NS	NS	NS
2020— 2021 季	W	0	0	0.027	0
	N	0	0	0	0
	W×N	NS	NS	NS	NS

注:W 表示灌水因子;N 表示施氮因子;W×N 表示灌水和施氮的交互作用;NS 代表 $p>0.05$,差异不显著。

6.3.2　冬小麦成熟期氮素积累量

表 6-7 和表 6-8 分别为冬小麦 3 个生长季成熟期植株氮素积累量及其方差分析结果。3 个试验季灌水和施氮对各器官和全株氮素积累量均产生了极显著影响($p<0.01$),除了 2020—2021 季灌水和施氮的交互作用对全株氮素积累量产生了显著影响($p<0.05$),其他时期对冬小麦茎叶、籽粒和全株均无显著影响。

2018—2019 季、2019—2020 季和 2020—2021 季各处理冬小麦植株氮素积累量分别在 107.03~190.26 kg/hm²、77.03~180.02 kg/hm²、33.71~169.73 kg/hm²,可以看出随着生长季的增加,各季最低氮素积累量逐渐降低,3 个生长季最低氮素积累量的处理均为 W40N0 处理。相同灌水条件下,各器官 N3 处理和 N2 处理氮素积累量之间无明显差异;对于 N2 处理、N1 处理、N0 处理,各器官氮素积累量均表现为 N2>N1>N0。对于各施氮水平处理植株氮素积累量均值,2018—2019 季 N3 处理、N2 处理、N1 处理(W0N3 处理除外)分别比 N0 处理增加了 58.43%、54.99%、38.97%,2019—2020 季分别增加了 98.71%、93.34%、57.91%,2020—2021 季分别增加了 313.81%、294.38%、135.20%。第 3 季相比前两季,由施氮水平处理造成的植株氮素积累量差异更大。对于 N3 施氮处理条件下各灌水水平植株氮素积累量,2018—2019 季 W80 处理、W60 处理、W40 处理分别比 W0 处理增加了 73.68%、68.52%、49.71%,2019—2020 季分别增加了 86.41%、81.03%、63.31%,2020—2021 季

表 6-7　冬小麦 3 个生长季成熟期植株氮素积累量　　　单位:kg/hm²

生长季	灌水水平	施氮水平	茎叶	籽粒	全株
2018—2019 季	W80	N3	43.11a	147.15a	190.26a
		N2	39.31ab	144.25a	183.55a
		N1	32.88bc	129.92b	162.80b
		N0	24.95d	96.12d	121.07d
		AVG	35.06	129.36	164.42
	W60	N3	39.78ab	144.84a	184.62a
		N2	35.55abc	146.05a	181.59a
		N1	31.86bcd	118.52c	150.38c
		N0	23.53d	88.51de	112.04de
		AVG	32.68	124.48	157.16
	W40	N3	35.97abc	128.03bc	164.00b
		N2	33.09bc	128.95bc	162.05b
		N1	29.11cd	130.40b	159.51bc
		N0	21.41d	85.63e	107.03e
		AVG	29.90	118.25	148.15
	W0	N3	24.54d	85.01e	109.55e
2019—2020 季	W80	N3	39.59a	140.44a	180.02a
		N2	37.62ab	134.66a	172.27ab
		N1	31.40bc	112.24cd	143.64de
		N0	21.14de	71.21f	92.35g
		AVG	32.44	114.64	147.07
	W60	N3	38.63a	136.20a	174.83ab
		N2	33.57b	132.65ab	166.21bc
		N1	27.81cd	108.11de	135.92ef
		N0	18.19e	70.37f	88.56g
		AVG	29.55	111.83	141.38
	W40	N3	33.24b	124.47bc	157.71cd
		N2	34.69ab	125.53bc	160.22c
		N1	27.04cd	100.74e	127.78f
		N0	17.45e	59.58g	77.03g
		AVG	28.11	102.58	130.69
	W0	N3	21.76de	74.82f	96.57g

续表 6-7

生长季	灌水水平	施氮水平	茎叶	籽粒	全株
2020—2021 季	W80	N3	43.94a	125.79a	169.73a
		N2	40.18a	116.02a	156.20a
		N1	22.97cd	77.44c	100.40cd
		N0	8.89e	35.99e	44.88f
		AVG	28.99	88.81	117.80
	W60	N3	40.73a	121.26a	161.99a
		N2	39.74ab	117.70a	157.44a
		N1	18.17d	70.06cd	88.22de
		N0	7.64e	27.41e	35.05f
		AVG	26.57	84.11	110.68
	W40	N3	31.47bc	107.05b	138.52b
		N2	30.13bc	104.39b	134.52b
		N1	17.21d	61.44d	78.65e
		N0	5.66e	28.05e	33.71f
		AVG	21.12	75.23	96.35
	W0	N3	22.74cd	88.37c	111.10c

注:AVG 表示算术平均值,同一列内同一年的数据后不同小写字母表示处理之间差异达 5% 的显著水平。

表 6-8　冬小麦 3 个生长季成熟期植株氮素积累量方差分析(p 值)

生长季	因子	茎叶	籽粒	全株
2018—2019 季	W	0	0	0
	N	0	0	0
	W×N	NS	NS	NS
2019—2020 季	W	0	0	0
	N	0	0	0
	W×N	NS	NS	NS
2020—2021 季	W	0	0	0
	N	0	0	0
	W×N	NS	NS	0.034

注:W 表示灌水因子;N 表示施氮因子;W×N 表示灌水和施氮的交互作用;NS 代表 $p>0.05$,差异不显著。

分别增加了 52.77%、45.80%、24.68%。第 3 季灌水水平处理造成的差异相对较小,这主要是 2020—2021 季返青—拔节阶段没有进行灌水导致的。同时,相同施氮条件下灌水水平处理从 W60 处理增加至 W80 处理时,氮素积累量增加量也相对较小,3 个生长季平均增加了 5.0%。不同水氮处理成熟期植株氮素均大部分积累在籽粒中,约占 78%。

6.4　冬小麦花后氮素的吸收同化和转运

籽粒氮素的积累来源有两种:一是茎叶等营养器官的转运,二是花后籽粒对氮素的吸收同化。根据式(2-6)和式(2-7)分别计算出冬小麦籽粒氮素积累的两种来源——氮素转运量(NT)、氮素吸收同化量(NA)以及 NT 和 NA 对籽粒氮素积累的贡献率(见表 6-9)。表 6-10 为 NT 和 NA 的方差分析结果。3 年的生长季,灌水和施氮对 NT 均产生了显著影响($p<0.05$);除 2018—2019 季施氮水平处理对 NA 影响不显著外,其他时期灌水和施氮对 NA 均产生了显著影响。

2018—2019 季,对于 NT,各施氮水平处理(W0N3 处理除外,下同)均值随着施氮量的增加而增加,N3 处理、N2 处理、N1 处理施氮条件下 NT 均值分别比 N0 处理增加了 119.05%、113.23%、78.37%;各灌水水平处理(W0N3 除外,下同)NT 均值随灌水量的增加而增加。W80 处理、W60 处理氮素转运量均值分别比 W40 处理高 18.52%、10.93%。对于 NA,各施氮水平处理均值随施氮量变化无明显变化规律。可以看到除 N0 处理外,各处理 NT 均高于 NA,表明氮素亏缺会造成 NT 下降速率高于 NA。尽管在灌水量从 W40 处理增加至 W80 处理范围内,NA 无明显变化规律,但各处理 NA 均高于极度水分亏缺处理(W0N3 处理)。

2019—2020 季,对于 NT,各灌水条件下 N3 处理和 N2 处理均无显著性差异,对于 N2 处理、N1 处理、N0 处理,NT 表现为 N2>N1>N0,N3 处理、N2 处理、N1 处理 NT 均值分别比 N0 处理增加了 128.97%、136.17%、59.61%;各灌水水平处理 NT 均值随灌水量的增加而增,W80 处理、W60 处理氮素转运量均值分别比 W40 处理高 32.38%、25.71%。对于 NA,各灌水条件下,其他施氮处理的 NA 均高于 N0 不施氮处理的 NA,表明氮素亏缺造成 NA 下降,N3 处理、N2 处理、N1 处理 NT 均值分别比 N0 处理增加了 55.59%、34.72%、59.63%,增长幅度小于 NT。对于各灌水水平处理对 NA 的影响,同 2018—2019 季相同,各处理 NA 均高于极度水分亏缺处理(W0N3 处理)。

表6-9　冬小麦花后氮素吸收同化和转运状况

灌水处理	施氮处理	2018—2019季				2019—2020季				2020—2021季			
		转运量NT/(kg/hm²)	吸收同化量NA/(kg/hm²)	NT对籽粒贡献率/%	NA对籽粒贡献率/%	转运量NT/(kg/hm²)	吸收同化量NA/(kg/hm²)	NT对籽粒贡献率/%	NA对籽粒贡献率/%	转运量NT/(kg/hm²)	吸收同化量NA/(kg/hm²)	NT对籽粒贡献率/%	NA对籽粒贡献率/%
W80	N3	98.78a	48.37a	67.13	25.42	104.43a	36.00abcd	74.36	20.00	89.47a	36.32a	71.13	21.40
	N2	90.75ab	53.50a	62.91	29.15	104.17a	30.48abcd	77.36	17.69	78.51bc	37.51a	67.67	24.02
	N1	78.59cd	51.33a	60.49	31.53	69.42b	42.82abc	61.85	29.81	37.79e	39.65a	48.80	39.49
	N0	45.78fg	50.34a	47.63	41.58	43.73d	27.48bcd	61.41	29.75	19.36f	16.63bc	53.79	37.05
	AVG	78.48	50.89	59.54	31.92	80.44	34.20	68.75	24.31	56.28	32.53	60.35	30.49
W60	N3	88.84ab	56.00a	61.34	30.33	91.58a	44.62ab	67.24	25.52	97.15a	24.11ab	80.12	14.88
	N2	93.78a	52.27a	64.21	28.78	102.55a	30.10abcd	77.31	18.11	84.54ab	33.16a	71.82	21.06
	N1	73.62cd	44.90a	62.12	29.86	65.45d	42.67abc	60.54	31.39	39.60de	30.46a	56.53	34.52
	N0	37.56g	50.95a	42.43	45.48	45.97d	24.40cd	65.33	27.55	18.91f	8.51c	68.97	24.27
	AVG	73.45	51.03	57.53	33.61	76.39	35.45	67.61	25.64	60.05	24.06	69.36	23.68
W40	N3	81.33bc	46.70a	63.53	28.47	78.96b	45.51a	63.44	28.86	83.56ab	23.49ab	78.06	16.95
	N2	77.27cd	51.68a	59.92	31.89	76.90b	48.63a	61.26	30.35	75.05bc	29.33a	71.9	21.81
	N1	66.80de	63.60a	51.22	39.87	56.81c	43.93abc	56.40	34.38	48.27de	13.17bc	78.56	16.75
	N0	39.44g	46.18a	46.07	43.15	30.38e	29.19bcd	51.00	37.90	16.19f	11.86c	57.71	35.19
	AVG	66.21	52.04	55.19	35.85	60.76	41.82	58.03	32.87	55.77	19.46	71.56	22.68
W0	N3	50.70	34.31b	59.64	31.32	51.75c	23.07d	69.17	23.89	61.82c	26.54ab	69.96	23.89

注:AVG表示算术平均值,同一列内同一年的数据后同一小写字母表示处理之间差异达5%的显著水平。

表 6-10　　冬小麦花后氮素吸收同化量和转运量方差分析 (p 值)

生长季	因子	转运量 NT	吸收同化量 NA
2018—2019 季	W	0	0.007
	N	0	NS
	W×N	NS	NS
2019—2020 季	W	0	0.003
	N	0	0.026
	W×N	NS	0.039
2020—2021 季	W	0.003	0.011
	N	0	0
	W×N	NS	0.046

注:W 表示灌水因子;N 表示施氮因子;W×N 表示灌水和施氮的交互作用;NS 代表 $p>0.05$,差异不显著。

2020—2021 季,对于 NT,各灌水水平处理下均表现出随施氮量的增加而增大,N3 处理、N2 处理、N1 处理 NT 均值分别比 N0 处理增加了 396.16%、337.25%、130.76%,相比前两季由施氮造成的 NT 差异增大;各灌水水平处理对 NT 没有产生显著性差异,这主要是 2000—2021 季返青—拔节阶段没有灌水造成的。对于 NA,各灌水条件下,其他施氮处理均高于 N0 不施氮处理,表明氮素亏缺会造成 NA 降低,同时与前两季相比,由施氮水平处理造成的 NA 差异较前两季大。与前两季不同的是,各灌水水平处理 NA 均值随着灌水量的增大而增大。

整体上,除个别 N0 处理外,NT 均高于 NA,NT 对籽粒氮素积累的贡献率更高;适宜的施氮水平均会促进 NT 和 NA,但 NT 随施氮变化幅度高于 NA,减小灌水量会减小 NT,但 3 个生长季灌水量的变化对 NA 表现规律不一致。从 3 个生长季来看,与施氮水平处理相比,水分亏缺造成的 NT 和 NA 变化幅度小于氮素亏缺。

6.5　冬小麦花后耗水量与籽粒氮素积累量、NT、NA 的关系

冬小麦 3 个生长季花后耗水量与籽粒氮素积累量、NT、NA 相关关系见图 6-6。

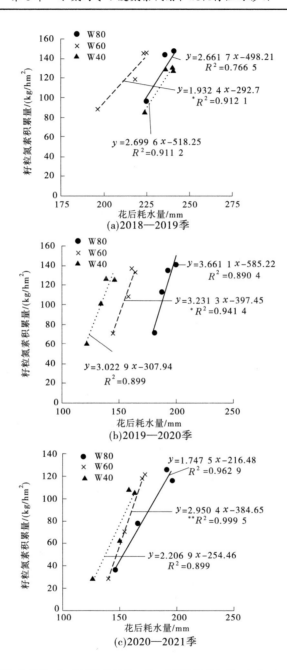

(a)2018—2019季

(b)2019—2020季

(c)2020—2021季

注:图中判定系数 R^2 前的"＊"表示显著相关,"＊＊"表示极显著相关,无"＊"表示不显著相关。

图 6-6 冬小麦 3 个生长季花后耗水量与籽粒氮素积累量、NT、NA 相关关系

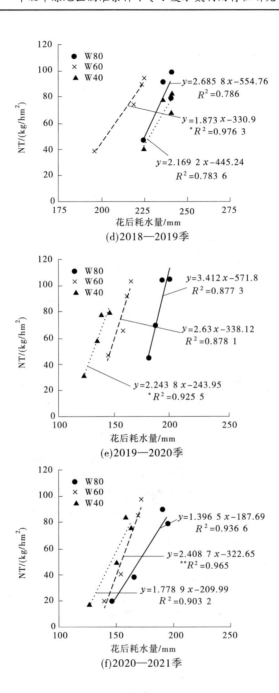

(d)2018—2019季

(e)2019—2020季

(f)2020—2021季

续图 6-6

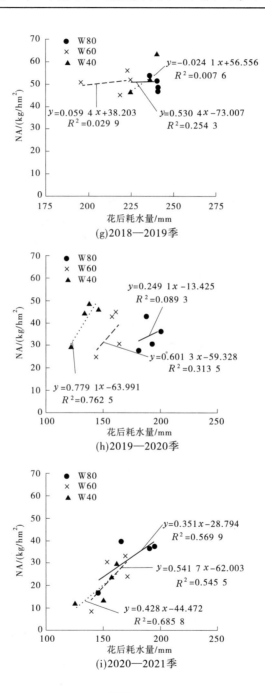

(g)2018—2019季

(h)2019—2020季

(i)2020—2021季

续图 6-6

对于花后耗水量与籽粒氮素积累量,3 年的生长季各灌水条件下,花后耗水量均与籽粒氮素积累量表现出了较强的正相关性,除 2018—2019 季 W80 处理的判定系数 $R^2 = 0.766\ 5$ 外,其他时期其他处理 R^2 均大于 0.89。从各灌水水平处理相关性看,3 种灌水条件下 W60 处理的相关性均最强,且显著相关。

对于花后耗水量与氮素转运量(NT),3 年的生长季各灌水条件下,花后耗水量均与 NT 表现出了较强的正相关性,2020—2021 季各灌水条件下,判定系数 R^2 均大于 0.9,2019—2020 季各灌水水平处理判定系数 R^2 均大于 0.87,2018—2019 季各灌水水平处理判定系数 R^2 均大于 0.78。从各灌水水平处理相关性看,3 种灌水条件下 W60 处理表现出了较强的相关性(除 2019—2020 季其 R^2 值略小于 W40 处理外),2018—2019 季和 2020—2021 季 W60 处理花后耗水量与 NT 均显著相关。

对于花后耗水量与吸收同化量(NA),相关性较弱,且均没有表现出显著相关性,3 年的试验季各灌水水平处理判定系数 R^2 均小于 0.7。

各灌水条件下花后耗水量与各指标的相关性表现出:NT>籽粒氮素积累量>NA。对于花后籽粒氮素积累过程,与 NA 相比,NT 与花后耗水量的相关性更强。对于 W80 处理、W60 处理和 W40 处理 3 种灌水条件,W60 灌水水平处理与各指标的相关性最高。各指标拟合曲线的斜率代表花后该指标单位耗水量增加值,可以看出 3 个生长季籽粒氮素积累量、NT、NA 的单位耗水量增加值没有明显规律。

6.6 讨 论

6.6.1 冬小麦旗叶与籽粒氮代谢酶活性

氮代谢是植物的基本生理过程之一,植物吸收硝酸盐氮后经过硝酸还原酶(NR)和亚硝酸还原酶,还原成铵态氮,而铵态氮主要通过谷氨酰胺合成酶被作物进一步同化。前人研究表明,水氮亏缺条件下均会导致 NR 活性、GS 活性降低(刘焕,2019;李春燕 等,2005;王小燕 等,2009;郭丽 等,2010a;Wang et al.,2009)。范雪梅等(2004)研究认为,胁迫灌溉条件下,花后干旱降低了旗叶和籽粒 GS 活性,但水分逆境下增施氮肥可以提高旗叶和籽粒 GS 活性,从而提高籽粒氮素积累量。本书研究表明,在施氮量小于或等于 167 kg/hm²(N2 处理)的条件下,冬小麦旗叶 NR、GS 与籽粒 NR 活性、GS 活性降低随施氮量降低,水分亏缺会导致冬小麦旗叶与籽粒 NR 活性、GS 活性显著降低,且随着时间的推进,水分亏缺会导致酶活性的加速降低。

前人研究对于旗叶与籽粒 NR 活性、GS 活性随时间变化规律不尽相同。姚素梅等(2013)研究表明,冬小麦旗叶 NR 活性与 GS 活性在花后逐渐降低,籽粒 NR 活性、GS 活性在花后第 14 天达到最大,第 35 天已完全失活;欧阳雪莹(2020)研究发现,冬小麦籽粒 NR 活性、GS 活性均在花后逐渐降低;王小燕等(2009)研究发现,旗叶 GS 活性花后随时间逐渐降低,NR 活性在花后第 7 天达到最大值,这可能与不同研究对开花期的确切时间存在偏差有关系,也可能是作物外界环境与品种差异导致的。本书研究表明,冬小麦旗叶 NR 活性、GS 活性均在花后第 7 天达到最大值,之后随着时间的推进逐渐降低。冬小麦籽粒 NR 活性、GS 活性在花后第 7 天开始均呈逐渐降低趋势,在花后第 21~28 天内快速降低接近完全失活。冬小麦籽粒 NR 活性、GS 活性的失活,表明在花后第 28 天,籽粒已经不能从外界吸收并同化氮素。而此刻冬小麦旗叶还保持一定的 NR 活性和 GS 活性,同时花后第 28~35 天旗叶全氮含量依然在降低,表明此刻旗叶还在向籽粒转运氮素。第 35~42 天旗叶全氮含量趋于稳定,表明此时旗叶几乎已经停止向籽粒转运氮素,同时由于籽粒 GS 活性和 NR 活性接近完全失活,表明此刻籽粒已经不从外界同化氮素,即从花后第 35 天开始,籽粒氮素积累的两种来源——氮素的吸收同化和转运近乎停止。

6.6.2　冬小麦旗叶全氮含量

刘卫星(2018)研究表明,氮素亏缺处理使得旗叶全氮含量降低,且随着灌浆期的推进,不同水氮条件下的旗叶全氮含量逐渐降低。骆永丽(2016)研究认为,较低施氮水平会导致旗叶全氮含量降低,从花后第 7 天开始旗叶全氮含量逐渐降低。本书研究发现,各处理小麦旗叶在花后第 14 天达到最大值,之后开始逐渐降低,而籽粒氮素积累的一种重要来源是花后茎叶等器官向籽粒的转运(Ye et al.,2022),这表明冬小麦旗叶在花后第 14 天开始从外界吸收同化氮素的速率小于向籽粒转运氮素的速率。在氮肥充足的条件下(N3处理),在开花期 W0 处理旗叶全氮含量显著低于其他灌水处理,表明水分亏缺抑制了旗叶氮素的积累,而在花后第 14~28 天,W60 处理、W40 处理、W0处理之间差异又逐渐开始增大,即较低的灌水处理全氮含量开始低于较高的灌水处理,表明开花后第 14 天干旱条件下又促进了单位质量旗叶的氮素的转运速率。但在极度干旱条件下(W0N3 处理),旗叶全氮含量在花后第 28 天后变化量极小,表明极端干旱提前结束了旗叶氮素向籽粒的转运。石华荣

(2017)研究发现,干旱可以抑制小麦旗叶氮素的积累,但可以促进氮素的转运;Sinclair 等(2000)认为,生育后期土壤适度缺水可增加叶片氮素向籽粒运转的速率,这与本研究的结论相似。各处理旗叶全氮含量在花后第 35~42 天几乎无变化,表明此时间段旗叶几乎停止向籽粒转运氮素。后文第 7 章 7.1.1 部分和 7.1.2 部分将会介绍,冬小麦籽粒在花后第 28 天,NR 和 GS 酶活性已经接近完全失活,表明冬小麦籽粒在花后第 28 天之后几乎丧失氮素同化能力,但旗叶在花后第 28~35 天全氮含量还有所降低,表明冬小麦籽粒在花后第 28~35 天氮素的积累全部来自于营养器官的迁移。

6.6.3　冬小麦植株全氮含量季氮素积累量

作物根系吸收土壤氮素是氮素的一个重要去向,在土壤基础氮素不足的条件下,施用氮肥对作物吸收氮素具有决定性作用(代快, 2012),在一定范围内增加施氮量可以提高作物全氮含量与氮素积累量,而当施氮量超过一定数值时,不能再显著增加植株氮素积累量(司转运,2017;闫世程,2020)。代快(2012)研究认为,冬小麦单季施氮量超过 210 kg/hm² 时,再增加施氮量对作物氮素积累无明显提高;李艳(2015)研究认为冬小麦单季施氮量为 110 kg/hm² 即可满足地上部分氮素积累的需求;赵俊晔等(2006)认为冬小麦单季施氮量超过 150 kg/hm² 时,对小麦生育后期植株氮素吸收无显著促进作用。3 年的试验研究表明,增加施氮量会促进成熟期冬小麦茎叶和籽粒部全氮含量,经过前两个冬小麦和夏玉米季的低氮处理对土壤氮素的消耗后,第 3 季单季施氮量超过 167 kg/hm²时,再增加施氮量对冬小麦吸氮量均无显著提高,这与代快(2012)和赵俊晔等(2006)研究结论相近。本研究还发现,较高的灌水量也表现出了对冬小麦各器官全氮含量的促进作用,对比灌水和施氮可知,施氮对小麦植株全氮含量的影响更大。

代快(2012)研究认为,冬小麦籽粒氮与秸秆氮比例(G/S)为 5:1,随氮肥用量的增加,冬小麦 G/S 有所下降。赵俊晔等(2006)研究表明,随施氮量增加,氮素在籽粒中的分配比例降低,在茎和叶中的分配量及比例显著增加。本书试验研究结果表明,对于冬小麦,其籽粒氮素积累量占地上部分氮素积累量的 86%~91%,这表明成熟期植株大部分氮素都积累在了籽粒部分。对比冬小麦茎叶部和籽粒部全氮含量,可以发现茎叶部全氮含量更容易受到灌水和施氮水平的影响,波动幅度较大,同时在一定施氮范围内,随着施氮量的减小,籽粒全氮含量与其他器官全氮含量的占比逐渐增大,这表明在氮素亏缺条件下,作物会优先牺牲茎叶部全氮含量,保证籽粒的全氮含量。同时由于低氮处理在前期对土壤氮素的消耗及其他负面作用,随着生长季的增加,低氮处理冬小麦植株氮素含量逐渐降低,至 2021 年成熟期,冬小麦 N0 处理条件下茎叶、籽粒全氮含量均值分别比 2019 年成熟期降低了 47.5%、33.3%。

　　土壤水分是氮素转化的重要影响因子,也是氮素迁移的载体,适宜的土壤水分供应是作物高效利用氮素的前提。前人研究结果表明,在一定范围内增加灌水量可提高种植全氮含量及氮素积累量,但过量灌溉也会造成作物氮吸收产生胁迫(代快,2012),水氮互作对小麦吸收同化和转运氮素有显著影响(Ye et al.,2014;Ma et al.,2018)。本试验研究结果表明,冬小麦成熟期,当灌水水平从 W60 处理增大至 W80 处理时,植株全氮含量季氮素积累量增大幅度较小,3 个生长季植株全氮含量均值分别增加了 1.8%、0.9%、7.3%。当灌水定额小于 60 mm 时,增加灌水量可显著增大作物全氮含量和氮素季积累量,这与前人的研究结果基本一致(代快,2012;徐洪敏,2010;张岁岐,2009)。

6.6.4　冬小麦氮素的吸收同化和转运

　　穗部籽粒氮素的积累来源有两种:一是茎叶等营养器官的转运,二是花后籽粒对氮素的吸收同化(Ye et al.,2022)。有研究认为籽粒氮素积累量、NT 和 NA 随施氮量的增加而增加,随着水分亏缺的加剧而降低(Ye et al.,2022;Ercoli et al.,2008),这与本书研究的结论一致。Ye 等(2022)研究认为,灌溉通过同时增加 NT 和 NA 来提高籽粒氮的积累效率,其中 NT 的增加大于 NA。本书研究发现,除了部分 N0 施氮条件下的 NA 大于 NT,其他条件下,NT 均大于 NA,这表明在无极端氮素亏缺的条件下,花后 NT 对籽粒氮素的积累具有更大的贡献,氮素亏缺均会导致 NT 和 NA 下降,但 NT 下降幅度高于 NA。

6.7　小　结

　　(1)冬小麦旗叶 GS 活性、NR 活性均在花后第 7 天达到最大值,之后逐渐降低,在花后第 42 天接近完全失活。冬小麦籽粒 GS 活性、NR 活性在花后第 7~21 天逐渐降低,在花后第 28 天接近完全失活,即冬小麦籽粒在花后第 28 天几乎丧失氮素同化能力,水分亏缺会导致旗叶和籽粒酶活性加速降低。冬小麦旗叶在花后第 0~14 天表现为积累氮素的状态,花后第 14~35 天表现为向籽粒转运氮素的状态,表明冬小麦籽粒在失去氮素同化能力时,旗叶在一段时间内依然会向籽粒转运氮素。小麦花后干旱促进了单位质量旗叶向籽粒转运氮素的速率,而极端干旱(W0 处理)又提前结束了旗叶向籽粒转运氮素。

(2)对于冬小麦开花期植株全氮含量,3 个生长季(除 2020—2021 季冬小麦灌水水平处理外),在一定范围内增加灌水和施氮均促进了作物茎叶和穗部全氮含量的增加,冬小麦开花期叶部含氮量最高,茎部和穗部差异不明显。对比灌水和施氮,施氮水平处理对小麦植株全氮含量的影响更大。对比茎、叶、穗各部,茎部全氮含量更容易受到灌水和施氮水平的影响。同时由于低氮处理(N1 处理和 N0 处理)在前期对土壤氮素的消耗及其他负面效应,随着生长季的增加,低氮处理冬小麦植株全氮含量逐渐降低,至 2020—2021 季时,N0 处理条件下冬小麦茎、叶、穗全氮含量均值分别比 2018—2019 季降低了41.4%、25.3%、8.4%。

(3)对于冬小麦成熟期植株全氮含量,3 个生长季均表现出灌水处理不超过 W60、施氮处理不超过 N2 时,增加灌水和施氮均会显著促进冬小麦全氮含量的增加。与灌水水平处理相比,施氮水平对冬小麦植株全氮含量的影响更大,各处理冬小麦籽粒全氮含量为茎叶部的 3.2~6.2 倍。与作物其他器官全氮含量相比,施氮量的变化对冬小麦籽粒的影响程度相对较小,这说明在氮肥亏缺的情况下,小麦植株会优先牺牲营养器官全氮含量来保证籽粒全氮含量。与施氮水平处理相比,灌水水平对茎叶和籽粒全氮含量的比值影响较小且没有明显规律。

(4)对于冬小麦成熟期植株氮素积累量,作物氮素大部分都积累在籽粒中,冬小麦各处理籽粒氮素积累量占地上部分氮素积累量的均值为 60%。对于冬小麦,当施氮量超过 N2 处理时,对氮素积累无显著提高,灌水水平从W60 处理增加至 W80 处理,氮素积累量增加量也相对较小,3 个生长季平均增加了 5.0%。在高氮和高水(施氮为 N3 处理,灌水为 W80 处理)条件下,3个生长季,冬小麦平均氮素积累量为 180 kg/hm^2。对于氮肥亏缺(N1 处理和N0 处理)处理,冬小麦植株氮素积累量均随着生长季的增加而逐渐减小。

(5)对于冬小麦花后氮素的吸收同化量(NA)和转运量(NT),除个别 N0施氮水平处理外,NT 均高于 NA,NT 对籽粒氮素积累的贡献率更高,氮素亏缺均会导致 NT 和 NA 降低,但 NT 随施氮变化幅度高于 NA。从 3 个生长季来看,与施氮水平处理相比,水分亏缺造成的 NT 和 NA 减小幅度小于氮素亏缺。

(6)各灌水条件下,冬小麦花后耗水量与籽粒氮素积累量、氮素的转运量(NT)均表现出较强的线性相关性(3 个生长季判定系数 R^2 在 0.77~0.98),对于花后耗水量与 NA,相关性较弱(3 个生长季 R^2 均小于 0.7)。

第7章　水氮对冬小麦产量特征与
水氮利用效率的影响

在提高作物产量的同时,最大限度地提高冬小麦水氮利用效率是本书研究的主要目标。本章通过分析冬小麦籽粒产量特征、水分利用效率和氮素利用效率,探明了灌水和施氮影响籽粒产量的过程,明确了水氮利用效率随灌水和施氮的变化规律,可为制定华北地区冬小麦优化灌水施氮方案提供支撑。

7.1　冬小麦作物产量及其特征

表7-1和表7-2分别为冬小麦3个生长季籽粒产量、产量特征及其特征方差分析结果。3个生长季均表明灌水和施氮水平对冬小麦籽粒产量的影响达到了显著水平,灌溉和施氮水平之间的交互作用对籽粒产量影响不显著。

2018—2019季、2019—2020季和2020—2021季冬小麦籽粒产量分别在6 214~9 984 kg/hm²、5 429~10 016 kg/hm²和3 164~9 441 kg/hm²,可以看出,随着生长季的增加籽粒产量的最小值逐渐降低。3个生长季,较高的灌水水平表现出了较高的籽粒产量,但灌水量从W60处理增加至W80处理时,产量增长幅度较小,3个生长季平均增产仅为162.8 kg/hm²,增加幅度为2.1%。在相同灌溉条件下,N3处理和N2处理之间的籽粒产量没有显著性差异,对于N2处理、N1处理和N0处理,籽粒产量均表现为N2>N1>N0。2018—2019季,N3处理、N2处理、N1处理施氮条件下(不考虑W0N3处理)的小麦籽粒产量均值分别比N0处理增加了48.5%、47.0%、37.3%;2020—2021季,N3处理、N2处理、N1处理施氮条件下(不考虑W0N3处理)的小麦籽粒产量均值分别比N0处理增加了177.7%、174.8%、88.4%,这表明随着生长季的增加施氮水平造成产量之间的差异是逐渐增大。

冬小麦成穗数、穗粒数、千粒重是构成小麦产量的主要产量特征,而穗长也可以从侧面反映单株穗粒数的多少。对于成穗数,3年生长季试验期灌水和施氮对冬小麦成穗数均产生了极显著的影响,成穗数及籽粒产量的变化规律相似,2018—2019季、2019—2020季、2020—2021季成穗数的范围分别在404~567万株/hm²、388~585万株/hm²、277~536万株/hm²。单穗籽粒数和冬小麦

表 7-1　冬小麦 3 个生长季籽粒产量及其产量特征

生长季	灌水水平	施氮水平	成穗数/(万株/hm²)	穗长/cm	单穗籽粒数/个	千粒重/g	籽粒产量/(kg/hm²)
2018—2019 季	W80	N3	567a	8.57ab	32.0abcd	55.0abc	9 984a
		N2	553a	8.31ab	32.3abc	57.9a	9 834a
		N1	545ab	8.22b	32.0abcd	55.6abc	9 051bc
		N0	420c	7.40c	30.8bcd	57.6a	6 803d
		AVG	521	8.13	31.8	56.5	8 918
	W60	N3	556a	8.63a	33.4a	55.3abc	9 792a
		N2	548ab	8.46ab	31.8abcd	56.8ab	9 745a
		N1	529b	8.16b	32.5abc	55.0abc	8 756c
		N0	419c	7.23c	29.9d	56.4ab	6 514de
		AVG	513	8.12	31.9	55.9	8 702
	W40	N3	548ab	8.79a	31.7abcd	52.0cd	9 223b
		N2	533b	8.41ab	31.4bcd	53.3bcd	9 124b
		N1	533b	8.23b	30.4cd	53.8bcd	9 015bc
		N0	404c	7.12c	29.1cd	53.2bcd	6 214e
		AVG	505	8.14	30.7	53.1	8 394
	W0	N3	449c	8.09b	29.7d	50.1d	6 613de
2019—2020 季	W80	N3	579ab	9.05a	31.7a	53.8a	10 016a
		N2	585a	8.79a	31.9a	52.8ab	9 708a
		N1	543c	8.59ab	30.9ab	53.6a	8 469c
		N0	411de	7.82cde	29.4ab	56.2a	6 173d
		AVG	529	8.56	31.0	54.1	8 591
	W60	N3	584a	8.40bc	31.2a	51.7ab	9 818a
		N2	565ab	8.63ab	31.5a	52.7ab	9 565ab
		N1	550bc	8.56ab	29.2ab	50.1bc	8 114c
		N0	406de	7.62de	27.4b	52.3ab	6 192d
		AVG	526	8.30	29.8	51.7	8 422
	W40	N3	575ab	8.63ab	31.2a	48.0c	9 110b
		N2	581a	8.47b	30.9ab	46.9c	9 214b
		N1	539c	8.20bcd	28.8ab	46.7c	8 148c
		N0	388e	7.40e	27.6b	47.5c	5 429e
		AVG	521	8.17	29.6	47.3	7 975
	W0	N3	430d	8.22bcd	29.6ab	41.1d	6 584d

续表 7-1

生长季	灌水水平	施氮水平	成穗数/（万株/hm²）	穗长/cm	单穗籽粒数/个	千粒重/g	籽粒产量/（kg/hm²）
		N3	532a	8.99a	32.4a	57.3a	9 441a
		N2	526a	8.35a	32.3ab	55.8a	9 327a
	W80	N1	401c	7.48b	30.0bc	55.4a	6 435d
		N0	279d	7.06cd	26.0de	55.0a	3 462f
		AVG	435	7.97	30.2	55.9	7 166
		N3	528a	8.82a	32.7ab	54.3ab	9 240ab
		N2	536a	8.96a	30.7abc	55.2a	9 196ab
2020—2021 季	W60	N1	407c	7.34bc	27.2cde	55.7a	6 339d
		N0	270d	6.80d	24.0ef	56.9a	3 264f
		AVG	435	7.98	28.6	55.5	7 010
		N3	515a	9.07a	33.4a	49.5bc	8 781b
		N2	515a	8.42a	32.6ab	49.7bc	8 657b
	W40	N1	392c	7.43bc	28.6cd	48.4c	5 859e
		N0	277d	6.89d	22.8f	49.2bc	3 164f
		AVG	425	7.95	29.3	49.2	6 615
	W0	N3	521a	8.44a	32.3ab	45.9d	7 848c

注:AVG 表示算术平均值,同一列内同一年的数据后不同小写字母表示处理之间差异达 5% 的显著水平。

表 7-2　各处理冬小麦籽粒产量及其特征方差分析(p 值)

生长季	因子	成穗数/（万株/hm²）	穗长/cm	单穗籽粒数/个	千粒重/g	籽粒产量/（kg/hm²）
	W	0	0	0.022	0.026	0
2018—2019 季	N	0.002	0	0.034	NS	0
	W×N	NS	NS	NS	NS	NS
	W	0	0	0	0.026	0
2019—2020 季	N	0	0	0.010	NS	0
	W×N	NS	NS	0.037	NS	NS
	W	0	0	0.025	0.031	0
2020—2021 季	N	0	0	0.013	NS	0.014
	W×N	NS	0.033	NS	0.018	NS

注:W 表示灌水因子;N 表示施氮因子;W×N 表示灌水和施氮的交互作用;NS 代表 $p>0.05$,差异不显著。

麦籽粒产量变化规律相似。对于千粒重,3 年的生长季施氮水平均没有对千粒重产生显著性影响,但灌水对千粒重影响显著。N3 处理施氮条件下,各灌水处理千粒重均显著高于 W0 处理。对于穗长,3 年试验期灌水和施氮均对穗长产生了显著性影响,2018—2019 季和 2019—2020 季,N3 处理、N2 处理和 N1 处理之间无显著性差异,但均显著高于 N0 处理;2019—2020 季 N3 处理和 N2 处理之间无显著性差异,均显著高于 N1 处理和 N0 处理,N3 处理施氮条件下,各灌水处理穗长均高于 W0 处理。从各产量特征与籽粒产量相关关系来看(见图 7-1),成穗数、穗长、单穗籽粒数均与籽粒产量呈极显著正相关关系,成穗数与籽粒产量相关系数最大($R^2 = 0.954\ 1$),其次是穗长与籽粒产量($R^2 = 0.793\ 2$),单穗籽粒数与产量相关性较弱($R^2 = 0.420\ 8$),而千粒重与籽粒产量线性相关关系不显著($R^2 = 1 \times 10^{-6}$),这表明灌水和施氮交互作用主要是通过调节成穗数和单穗籽粒数来提高冬小麦籽粒产量的。

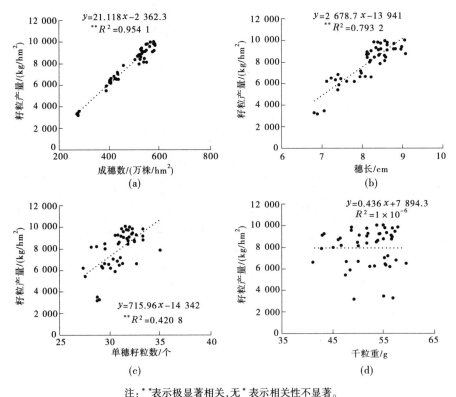

注:**表示极显著相关,无 * 表示相关性不显著。

图 7-1　冬小麦产量特征与籽粒产量相关关系

　　为了进一步分析施氮是如何通过影响产量特征来调控籽粒产量的,对2020—2021季冬小麦产量及其特征进行分析(该季施氮处理差异最大)。分析发现,该季当施氮从N0处理增加至N3处理时,其施氮处理产量均值增加了157%,而成穗数增加了90.7%,单穗籽粒增加了35.1%,表明施氮量在0~250 kg/hm² 时,施氮主要是通过调节成穗数和单穗籽数来增加产量的,而且成穗数比单穗籽粒数对产量增加的贡献程度更大,而施氮水平对千粒重无显著影响。对于灌水水平,对2018—2019季和2019—2020季(该两季灌水处理对籽粒影响较大)的冬小麦产量及其特征分析发现,灌水量从W40处理增加到W80处理时,两季产量平均增加了10.4%,成穗数平均增加了2.5%,单穗籽粒数平均增加了4.1%,千粒重平均增加了10.4%,表明增加灌水水平主要是通过增加千粒重、单穗籽粒数、成穗数来增加产量的,各指标对产量增加的贡献程度表现为千粒重>单穗籽粒数>成穗数。

7.2　冬小麦水分利用效率

　　表7-3为冬小麦3个生长季水分利用效率(WUE)。灌水水平仅在2018—2019季对WUE产生了显著影响,施氮水平处理对3个生长季WUE均产生了显著影响($p<0.05$)。

　　2018—2019季,各处理WUE在1.46~2.12 kg/m³,尽管在不同施氮条件下,WUE随灌水水平处理变化的趋势略有差异,但从W80处理、W60处理、W40处理灌水条件下的均值看,较高的灌水量导致了较低的WUE,W40处理条件下的WUE均值分别比W60处理和W80处理条件下的WUE均值增加了2.8%、8.0%。从N3处理条件下的各灌水水平处理看,W0处理的WUE又反而低于W60处理和W40处理。从N3处理、N2处理、N1处理、N0处理施氮水平的WUE均值(不考虑W0N3处理)来看,N3处理、N2处理、N1处理的WUE均值分别比N0处理的WUE均值增加了34.9%、34.7%、29.9%,可以看出施氮量从N2处理增加至N3处理时,WUE仅有略微增加。

　　2019—2020季,各处理WUE在1.52~2.40 kg/m³,略高于2018—2019季,这主要是由于该季作物耗水量相对较小,而产量与2018—2019季差别不大造成的。尽管各灌水水平处理对WUE没有产生显著影响,但从W80处理、W60处理、W40处理灌水条件下的均值看,与2018—2019季类似,较高的灌水量导致了较低的WUE,W40处理条件下的WUE均值分别比W60处理和

W80 处理条件下的 WUE 均值增加了 2.0%、10.2%,从 N3 条件下的各灌水水平处理看,W0 处理的 WUE 又反而低于 W60 处理和 W40 处理。从 N3 处理、N2 处理、N1 处理、N0 处理施氮水平的均值(不考虑 W0N3 处理)来看,N3 处理、N2 处理、N1 处理的 WUE 均值分别比 N0 处理的 WUE 均值增加了45.4%、42.0%、28.1%,增长幅度相比 2018—2019 季较大,同样施氮量从 N2处理增加至 N3 处理时,WUE 仅有略微增加。

表 7-3　冬小麦 3 个生长季水分利用效率(WUE)　　　单位:kg/m^3

灌水水平	施氮水平	2018—2019 季	2019—2020 季	2020—2021 季
W80	N3	1.99ab	2.22ab	1.86a
	N2	1.96ab	2.14abc	1.83a
	N1	1.83b	1.93cde	1.42b
	N0	1.46c	1.52c	0.87c
	AVG	1.82	1.97	1.54
W60	N3	2.03a	2.40a	1.91a
	N2	2.09a	2.32ab	1.89a
	N1	1.94ab	2.05bc	1.46b
	N0	1.55c	1.68de	0.86c
	AVG	1.91	2.12	1.57
W40	N3	2.10a	2.39a	1.88a
	N2	2.07a	2.39a	1.85a
	N1	2.12a	2.20abc	1.37b
	N0	1.53c	1.63e	0.87c
	AVG	1.96	2.17	1.53
W0	N3	1.97ab	2.30ab	2.02a
p 值	W	0.031	NS	NS
p-value	N	0	0	0
	W×N	0.042	NS	NS

注: AVG 表示算术平均值,同一列内同一年的数据后不同小写字母表示处理之间差异达 5% 的显著水平。

2020—2021 季,各处理 WUE 在 0.86~2.02 kg/m³,相比前两个生长季有所降低。但从 W80 处理、W60 处理、W40 处理灌水条件下的均值看无明显变化规律,且该季灌水水平处理对 WUE 没有产生显著影响。从 N3 处理、N2 处理、N1 处理、N0 处理施氮水平的均值(不考虑 W0N3 处理)来看,N3 处理、N2 处理、N1 处理分别比 N0 处理增加了 118.3%、114.9%、63.7%,与前两个生长季相比增幅较大。这主要是氮肥亏缺处理(N1 处理和 N0 处理)在该季产量较低导致的。

整体上,前两个生长季,在灌水量从 W80 处理降至 W40 处理时 WUE 是增加的,N3 处理条件下灌水水平从 W40 处理降至 W0 处理时,WUE 又表现出下降的趋势,2020—2021 季由于返青—拔节阶段降水量较大且该阶段没有进行灌水水平处理导致该季灌水对 WUE 无显著影响。由施氮水平处理对 WUE 的影响,可以看出,相同灌水条件下 N3 处理和 N2 处理的 WUE 无显著差异。而对于 N2 处理、N1 处理、N0 处理条件下的 WUE 则表现为 N2>N1>N0,且随着生长季的增加,其施氮水平处理造成的 WUE 的差异是逐渐增大的。

7.3　冬小麦氮素利用率

表 7-4 和表 7-5 列出了冬小麦 3 个生长季成熟期氮素生理利用率(NPE)、氮肥偏生产力(NPFP)、氮肥农学利用效率(NAE)及其方差分析结果。冬小麦 3 个生长季灌水和施氮均对 NAE、NPFP、NPE 产生了显著影响($p<0.05$),除 2019—2020 季灌水和施氮的交互作用对 NAE 产生了显著影响外,其他时期灌水和施氮交互作用对各氮素利用指标均无显著影响。

2018—2019 季和 2019—2020 季,各灌溉条件下,冬小麦季 NAE、NPFP 随施氮量的减小而增大,而对 NPE,随施氮水平变化趋势不一;2020—2021 季,各灌溉条件下,冬小麦季 NPFP 随施氮量的减小而增大,而对 NAE、NPE,随施氮水平变化趋势不一。3 个生长季,各施氮条件下,除 2019—2020 季 N1 处理外,NPFP 随灌水水平的降低而降低,而 NPE、NAE 随灌溉水平的变化趋势不一。

2018—2019 季,NAE、NPFP、NPE 分别在 W40N1、W80N1、W60N1 处理达到最高值,其最高值分别为 33.75 kg/kg、109.05 kg/kg、58.23 kg/kg。2019—2020 季,NAE、NPFP、NPE 分别在 W40N1、W80N1、W40N0 处理达到最高值,其最高值分别为 32.76 kg/kg、102.04 kg/kg、70.48 kg/kg。2020—2021 季,

NAE、NPE、NPFP 分别在 W60N1、W80N1、W40N0 处理达到最高值,其最高值分别为 37. 05 kg/kg、77. 53 kg/kg、93. 86 kg/kg。

总体上看,NAE、NPFP 均在较低施氮处理(N1 处理)条件下获得,除个别处理差异不显著外,相同施氮条件下较大灌水水平会提高 NPFP,对 NAE 影响无明显规律。相同灌水条件下,降低施氮量会降低 NPE(但 N3 处理和 N2 处理之间差异均不显著)。相同施氮条件下,降低灌水水平会增加 NPE(除个别处理之间差异不显著外)。

表 7-4　冬小麦 3 个生长季成熟期氮素利用效率

生长季	灌水水平	施氮水平	NAE/ (kg/kg)	NPFP/ (kg/kg)	NPE/ (kg/kg)
2018— 2019 季	W80	N3	12. 72d	39. 94c	52. 47e
		N2	18. 15c	58. 89b	53. 58de
		N1	27. 08b	109. 05a	55. 60cd
		N0			56. 19bc
		AVG	19. 32	69. 29	54. 46
	W60	N3	13. 11d	39. 17c	53. 04de
		N2	19. 35c	58. 35b	53. 66de
		N1	27. 01b	105. 49a	58. 23ab
		N0	—	—	58. 14ab
		AVG	19. 82	67. 67	55. 77
	W40	N3	12. 04d	36. 89c	56. 24bc
		N2	17. 43c	54. 63b	56. 30bc
		N1	33. 75a	108. 61a	56. 52bc
		N0	—	—	58. 06ab
		AVG	21. 07	66. 71	56. 78
	W0	N3	—	26. 45d	60. 37a

续表 7-4

生长季	灌水水平	施氮水平	NAE/(kg/kg)	NPFP/(kg/kg)	NPE/(kg/kg)
2019—2020 季	W80	N3	15.37d	40.06c	55.64d
		N2	21.17c	58.13b	56.35cd
		N1	27.67b	102.04a	58.96c
		N0	—	—	66.84ab
		AVG	21.40	66.74	59.45
	W60	N3	14.50d	39.27cd	56.16cd
		N2	20.20c	57.28b	57.55cd
		N1	23.16c	97.76a	59.70c
		N0	—	—	69.92a
		AVG	19.29	64.77	60.83
	W40	N3	14.72d	36.44d	57.76cd
		N2	22.66c	55.17b	57.51cd
		N1	32.76a	98.17a	63.76b
		N0	—	—	70.48a
		AVG	23.38	63.26	62.38
	W0	N3	—	26.34e	68.17a
2020—2021 季	W80	N3	23.92c	37.76d	55.62f
		N2	35.12ab	55.85c	59.71e
		N1	35.83a	77.53a	64.09d
		N0	—	—	77.14b
		AVG	31.62	57.05	64.14
	W60	N3	23.90c	36.96d	57.04e
		N2	35.52a	55.07c	58.41e
		N1	37.05a	76.37a	71.85c
		N0	—	—	93.12a
		AVG	32.16	56.13	70.10
	W40	N3	22.47c	35.12d	63.39d
		N2	32.89b	51.84c	64.36d
		N1	32.47b	70.59b	74.49b
		N0	—	—	93.86a
		AVG	29.28	52.52	74.03
	W0	N3	—	31.39e	70.64c

注:AVG 表示算术平均值,同一列内同一年的数据后不同小写字母表示处理之间差异达 5%的显著水平。

表 7-5　冬小麦 3 个生长季成熟期氮素利用效率方差分析(p 值)

生长季	因子	NAE/(kg/kg)	NPFP/(kg/kg)	NPE/(kg/kg)
2018— 2019 季	W	0.037	0.031	0.028
	N	0.010	0.023	0.027
	W×N	NS	NS	NS
2019— 2020 季	W	0.026	0.033	0.027
	N	0.017	0.005	0.025
	W×N	0.034	NS	NS
2020— 2021 季	W	0.039	0.037	0.034
	N	0.013	0.002	0.006
	W×N	NS	NS	NS

注:W 表示灌水因子;N 表示施氮因子;W×N 代表灌水和施氮的交互作用;NS 代表 $p>0.05$,差异不显著。

7.4　讨　论

7.4.1　冬小麦籽粒产量特征

研究普遍认为籽粒产量与作物生长指标(叶面积指数、地上部分生物量)呈显著或极显著正相关(张笑培,等,2021;Xu et al.,2018),故水氮水平对籽粒产量的影响规律与对生长指标的影响规律相似;冬小麦最佳施氮量在 111~250 kg/hm²(Sl et al.,2022;Sl et al.,2020;李艳,2015;代快,2012;Gheysari et al.,2009;Montemurro et al.,2007;俊晔,2006)。本书研究表明,在 2020—2021 季冬小麦单季施氮量在 0~167 kg/hm² 时,产量随着施氮量的增加而显著提高,而施氮量从 167 kg/hm² 增加至 250 kg/hm² 时,其对产量无明显影响,这表明在本试验条件下促进作物生长的单季施氮量阈值可能是 167 kg/hm²。本书研究还发现,灌水水平超过 W60 处理时,增产效果较小,从 3 年生长季各灌水或施氮条件下的籽粒产量平均值来看,与 W60 处理相比,W80 处理籽粒产量均值仅增长 2.2%。

小麦籽粒产量与穗数和单穗籽粒数呈显著正相关(Xu et al.,2018),
Karam 等(2009)和 Xue 等(2006)研究认为,灌溉和施氮通过增加单位面积成
穗数显著提高了粮食产量。本书研究表明,对于冬小麦成穗数、穗长、单穗籽
粒数与籽粒产量呈极显著正相关关系,成穗数与籽粒产量相关系数较强(R^2=
0.97),其次是穗长与籽粒产量(R^2=0.78),单穗籽粒数与籽粒产量相关性较
弱(R^2=0.42),而千粒重与籽粒产量无显著线性相关关系(R^2=0.02),这表
明灌水和施氮交互作用主要是通过调节成穗数以及单穗籽粒数来提高冬小麦
籽粒产量的。

本书研究还发现,单独考虑施氮因素,施氮主要是通过调节成穗数和单穗
籽粒数来增加产量的,而且成穗数比单穗籽粒数对产量增加的贡献程度更大。
单独考虑灌水因素,增加灌水水平主要是通过增加千粒重、单穗籽粒数、成穗
数来增加籽粒产量的,各指标对籽粒产量增加的贡献程度表现为千粒重>单
穗籽粒数>成穗数。张凤翔等(2005)研究结果表明,在较高的灌水条件下,成
穗数和单穗籽粒数均随施氮量的增大而增加,施氮的变化对千粒重无显著影
响。张笑培等(2021)研究表明增加灌水量可显著提高小麦成穗数和单穗籽
粒数,进而提高作物产量,这都在一定程度上支撑了本书研究的结果。

7.4.2　冬小麦水分利用效率

水分利用效率(WUE)会受到各种环境条件(光照、大气湿度、土壤湿度、
土壤养分等)的影响(Asseng et al.,2015;Ali et al.,2018)。适当的水和氮
管理措施可以改善根区水分,改善土壤水分利用,提高 WUE(Sun et al.,
2018)。缺氮还会导致作物生长前期生长速率减慢,减少作物叶片面积,减少
太阳辐射接受能力,并降低作物产量,从而降低 WUE(Massignam et al.,
2009)。本书研究表明,相同的灌水条件下,施氮量不超过 167 kg/hm² 时,增
加施氮量对冬小麦 WUE 具有显著促进作用,这主要是由于充足的土壤氮素
促进了作物的生长及产量,最终提高了作物的 WUE。本书研究还发现,适当
地降低冬小麦灌水量可以提高 WUE,但极度水分亏缺又会大大降低 WUE,这
与冯素伟等(2022)的研究结果相似。3 年生长季,随生长季的增加,施氮水平
处理的各生长指标的差异逐渐增大,这主要是由于试验前基础氮素较高,随着
试验生长季的增加,低氮处理对土壤氮素的不断消耗,同时氮素亏缺也会导致
其他土壤环境负面效应(见第 5 章 5.6.1 节),造成各施氮水平处理之间差异
逐渐增大。

7.4.3　冬小麦氮素利用效率

氮素利用效率是农业系统的一个重要指标,还是"联合国可持续发展目标"重点监测的一个参数(Oenema et al. , 2015)。提高氮素利用效率通常被认为是平衡作物生产和环境保护之间权衡的最有效的方法(Bai et al. , 2022)。氮肥偏生产力(NPFP)取决于单位施氮量条件下的氮素吸收能力和单位吸氮量的籽粒产量两部分(Bingham et al. , 2012),氮素经过作物吸收、迁移、同化,直接影响籽粒氮素积累量和NPFP。通常情况下,NPFP随着灌溉用水量的增加而增加(Pradhan et al. , 2013),随着施氮量的增加而减少(Ye et al. , 2022;Cui et al. , 2011;Pradhan et al. , 2013),适宜的灌水量可提高小麦叶片氮代谢能力,但是灌水会使氮素生理效率(NPE)下降(Sinclair et al. , 2000),这在一定程度上和本书研究结果相似。大多数研究认为,NPFP主要由高氮条件下的"单位吸氮量的籽粒产量"和低氮条件下的"单位施氮量条件下的氮素吸收能力"贡献(Le Gouis et al. , 2000;Muurinen et al. , 2006),也有研究指出在低氮、高氮条件下,"单位吸氮量的籽粒产量"的贡献均高于"单位施氮量条件下的氮素吸收能力"(Gaju et al. , 2011)。

黄玲等(2016)研究认为,适当增加灌水量会促进NPFP,但对氮肥农学利用效率(NAE)影响无明显规律,增加施氮量会提高NPFP;司转运(2017)研究认为,适当增加施氮量会促进NPFP,增加灌水量会促进NPFP;司转运(2020)研究认为,增加灌水会降低NPE、提高NPFP。本书研究发现,氮素亏缺促进了NAE、NPFP、NPE,适宜的灌水水平会促进NPFP,适当降低灌水水平会增加NPE,对NAE影响无明显规律,这与黄玲等(2016)、司转运(2017,2020)的研究结论基本相似。本书研究还发现,对于NPFP,相同灌溉条件下,N1处理的NPFE随着生长季的增加是逐渐减小的,从第1季至第3季,N1处理NPFP均值下降了30.5%,而N3处理和N2处理仅分别下降了5.3%和5.3%。

7.5　小　结

(1)3个生长季,对于冬小麦籽粒产量,当施氮水平超过N2处理、灌水水平超过W60处理时,籽粒产量均无显著增加,随着生长季的增加,N2处理、N1处理、N0处理之间的籽粒产量差异逐渐增大,至2020—2021冬小麦成熟期,N3处理(不含W0N3处理)产量均值比N0处理产量增加了177.7%。

(2)从冬小麦产量特征来看,施氮主要是通过调节成穗数、单穗籽粒数来增加产量的,而且成穗数比单穗籽粒数对产量增加的贡献程度更大。增加灌水水平主要是通过增加千粒重、单穗籽粒数、成穗数来增加籽粒产量的,各指标对产量增加的贡献程度表现为千粒重>单穗籽粒数>成穗数。

(3)冬小麦前两个生长季,当灌水量从 W80 处理降至 W40 处理时,WUE是增加的,而极度水分亏缺又会导致 WUE 降低。2020—2021 季,由于返青—拔节阶段降水量较大且该阶段没有进行灌水,导致该季灌水水平处理对 WUE无显著影响。相同灌水条件下,N3 处理和 N2 处理之间的 WUE 无显著差异,而对于 N2 处理、N1 处理、N0 处理 WUE 则表现为 N2>N1>N0,且随着生长季的增加,其施氮水平处理造成的 WUE 的差异是逐渐增大的。

(4)氮素亏缺会导致冬小麦 NAE、NPFP、NPE 增加,较大的灌水水平会提高 NPFP,而在一定范围内提高灌水量会降低 NPE,但对 NAE 影响无明显规律。

第8章　主要结论与展望

本研究采用滴灌灌水方式,于2018—2021年连续开展不同灌水施氮水平的冬小麦田间试验,分别研究分析了滴灌水氮供应水平对冬小麦季土壤水分、土壤氮素、作物生长发育、作物氮代谢特征、氮素吸收和转运特征、作物产量及水氮利用效率。主要结论如下:

(1)揭示了冬小麦不同水氮条件下不同土层土壤水分消耗的差异性和相关性。

冬小麦会优先利用上层(0~60 cm)土壤水分,在上层土壤水分不足的时候,下层(60~140 cm)土壤耗水速率会加大。对于冬小麦,氮素亏缺均会显著降低0~60 cm和60~100 cm土层土壤水分消耗。在各灌水处理下,除部分N0施氮水平处理外,冬小麦全生育期土壤储水量均呈消耗状态。

(2)阐明了不同水氮条件下冬小麦土壤铵态氮和硝态氮利用及其分布规律。

较高的施氮量会提高冬小麦各生育期0~140 cm土层土壤硝态氮、铵态氮含量;随着施氮量的降低,土壤铵态氮与硝态氮的比值(A/N)会逐渐增大。冬小麦季灌水对A/N没有明显影响,且对于冬小麦返青后各观测时期,返青—拔节中期(追肥前)A/N最大。冬小麦成熟期,3个生长季的N3处理、N2处理、N1处理和N0处理硝态氮均值均逐年降低,但对于N3处理和N2处理均值,第2季和第3季差异较小(变化量小于0.2 mg/kg)。

(3)阐明了不同水氮条件对冬小麦生长发育的影响。

冬小麦3个生长季,较高的施氮量表现为对生长指标的促进作用,但当施氮量从N2处理增加至N3处理时,冬小麦叶面积指数(LAI)以及地上部分生物量(AB)均无显著增加。较高的灌水量对各生长指标也表现为促进作用,但当灌水水平从W60处理增加至W80处理时,各生长指标增量较小,3个生长季AB均无显著性增加。对于冬小麦,由于低氮(N1处理和N0处理)处理对土壤基础氮素的不断消耗及其对土壤环境产生的负面作用,随着生长季的增加,N1处理和N0处理LAI和AB均逐渐减小。氮素亏缺会导致冬小麦旗叶叶绿素相对含量(SPAD值)减小,在冬小麦灌浆—成熟中期之前水分亏缺不会显著降低旗叶SPAD值,灌浆—成熟中期之后水分亏缺会导致SAPD值加速降低。冬小麦籽粒各氨基酸(AA)组分含量随水氮处理的变化趋势基本一致,水分亏缺会促进冬小麦籽粒 AA 的产生,而氮素亏缺会导致冬小麦籽粒 AA 的降低。对于冬小麦灌浆中期旗叶光响应曲线特征,直角双曲线模型与叶子飘模型均能较好地模拟无水分亏缺条件下的光响应曲线,而在水分亏缺条件下,叶子飘模型具有较好的拟合效果。

(4)揭示了冬小麦氮素吸收利用状况以及冬小麦旗叶与籽粒的氮代谢特征。

冬小麦旗叶硝酸还原酶(NR)活性、谷氨酰胺合成酶(GS)活性均在花后第 7 天达到最大值,在花后第 42 天 NR 和 GS 完全失活;而冬小麦籽粒在花后第 28 天 NR 和 GS 完全失活,水分亏缺会导致 NR 活性和 GS 活性降低。冬小麦旗叶在花后第 0~14 天表现为积累氮素的状态,在花后第 14~35 天表现为向籽粒转运氮素的状态,表明冬小麦籽粒在几乎失去氮素同化能力后,旗叶在一段时间内依然会向籽粒转运氮素;小麦花后干旱促进了旗叶氮素向籽粒的转运,而严重水分亏缺(W0 处理)又提前结束了旗叶向籽粒转运氮素。冬小麦成熟期,氮肥亏缺会使得作物牺牲营养器官全氮含量来保证籽粒全氮含量。增加灌水和施氮对冬小麦氮素积累均表现出了促进作用,但施氮水平从 N2 处理增加至 N3 处理时,氮素积累量无显著增加;灌水水平从 W60 处理增加至 W80 处理时,3 个生长季氮素积累量平均仅增加了 5.0%。对于冬小麦花后氮素吸收同化量(NA)和转运量(NT),除个别 N0 施氮水平处理外,NT 均高于 NA,适宜的施氮水平均会促进 NT 和 NA,但 NT 随施氮变化的幅度高于 NA,降低灌水量会显著减小 NT。冬小麦各灌水条件下,花后耗水量与籽粒氮素积累量、氮素的转运量(NT)均表现出较强的线性相关性(R^2 在 0.77~0.98),但与 NA 相关性较弱(各条件下 $R^2 < 0.76$)。

(5)探明了冬小麦产量特征和水氮利用效率对水氮条件的响应规律。

适宜的水氮均会促进作物产量。对于冬小麦籽粒产量,当施氮水平超过 N2 处理,灌水水平超过 W60 时,增产效果不明显,3 个生长季,W80 处理籽粒产量均值比 W60 处理仅增长了 2.2%,N3 处理(不含 W0N3 处理)籽粒产量均值比 N2 处理仅增长了 1.2%。3 个冬小麦生长季,随着生长季的增加,N1 处理和 N0 处理产量逐渐降低。增加施氮量主要是通过增加成穗数和单穗籽数来提高产量的,而且成穗数对小麦产量贡献较大;增加灌水主要是通过增加千粒重、单穗籽粒数、成穗数来增加产量的,各指标对产量增加的贡献大小表现为千粒重>单穗籽粒数>成穗数。对于水分利用效率(WUE),氮素亏缺会导致冬小麦 WUE 降低;冬小麦季,除降水较多的年份(2020—2021 季)外,灌水量从 W60 处理降至 W40 处理时,WUE 是逐渐增加的,而严重水分亏缺又会大大降低 WUE。氮素亏缺会提高冬小麦氮肥农学利用效率(NAE)、氮肥偏生产力(NPFP)、氮素生理利用率(NPE),水分亏缺会降低冬小麦 NPFP、NPE,提高 NPE,但对 NAE 影响无明显规律。

(6)优化了华北平原地区滴灌条件下冬小麦的灌水施氮方案。

连续 3 年的试验结果显示,在华北平原粮食主产区,与其他较高的灌水施氮方案相比,冬小麦灌水定额 60 mm、施氮 167 kg/hm^2 处理的产量及水分利用效率不会显著降低,氮肥偏生产力还略有增加,是本试验条件下高效优质的水氮管理方案。

参 考 文 献

白羿雄,姚晓华,姚有华,等,2018. 水分亏缺对青藏高原小麦族作物籽粒中氮磷钾和氨基酸含量的影响[J]. 中国农业大学学报,23(7):11-18.

蔡晓,2020. 滴灌条件下水氮运筹对夏玉米生长及水氮利用的影响[D]. 泰安:山东农业大学.

曹翠玲,李生秀,2003a. 水分胁迫和氮素有限亏缺对小麦拔节期某些生理特性的影响[J]. 土壤通报,34(6):505-509.

曹翠玲,李生秀,2003b. 供氮水平对小麦生殖生长时期叶片光合速率、NR 活性和核酸含量及产量的影响[J]. 植物学通报,3:319-324.

曹广才,2001. 华北小麦[M]. 北京:中国农业出版社.

曹和平,蒋静,翟登攀,等,2022. 施氮量对土壤水氮盐分布和玉米生长及产量的影响[J]. 灌溉排水学报,41(6):47-54.

陈博,欧阳竹,程维新,等,2012. 近50 a 华北平原冬小麦-夏玉米耗水规律研究[J]. 自然资源学报,27(7):1186-1199.

陈慧,黄振江,王冀川,等,2018. 水氮耦合对滴灌冬小麦氮素吸收、转运及产量的影响[J]. 新疆农业科学,55(1):44-56.

陈静,王迎春,李虎,等,2014. 滴灌施肥对免耕冬小麦水分利用及产量的影响[J]. 中国农业科学,47:1966-1975.

陈林,张佳宝,赵炳梓,等,2014. 施氮和灌溉管理下作物产量和土壤生化性质[J]. 中国生态农业学报,22(5):501-508.

崔亚强,朱元骏,2018. 黄土塬区降水变化条件下冬小麦田土壤水分消耗与补给[J]. 干旱地区农业研究,36(4):158-164.

代快,2012. 华北平原冬小麦/夏玉米水氮优化利用研究[D]. 郑州:中国农业科学院.

邓霞,2020. 小麦灌浆期 SPAD 值对产量的影响研究[D]. 乌鲁木齐:新疆师范大学.

邓忠,白丹,翟国亮,等,2013. 膜下滴灌水氮调控对南疆棉花产量及水氮利用率的影响[J]. 应用生态学报,24(9):2525-2532.

范雪梅,姜东,戴廷波,等,2004. 花后干旱和渍水对不同品质类型小麦籽粒品质形成的影响[J]. 植物生态学报,28(5):680-685.

冯素伟,刘朝阳,胡铁柱,等,2022. 畦田补灌对冬小麦产量形成及水分利用效率的影响[J]. 华北农学报,37(3):112-118.

付雪丽,王晨阳,郭天财,等,2008. 水氮互作对小麦籽粒蛋白质、淀粉含量及其组分的影响[J]. 应用生态学报,2:317-322.

谷利敏,2014. 小麦玉米周年氮水耦合对麦季氮素流向和利用效率的影响[D]. 泰安:山东农业大学.

郭丙玉,高慧,唐诚,等,2015. 水肥互作对滴灌玉米氮素吸收、水氮利用效率及产量的影响[J]. 应用生态学报,26(12):3679-3686.

郭丽,贾秀领,张凤路,等,2010a. 定位水氮组合对冀5265小麦叶片硝酸还原酶、可溶性蛋白及产量的影响[J]. 华北农学报,25(1):180-184.

郭丽,2010b. 水氮耦合对冬小麦-夏玉米生理特性及产量影响的研究[D]. 保定:河北农业大学.

侯翠翠,2013. 不同水氮处理对冬小麦干物质生产、耗水特性及产量的影响[D]. 郑州:河南农业大学.

黄光荣,陆引罡,远红伟,2009. 不同施肥量对小麦生理特征及产量的影响[J]. 贵州农业科学,37(5):35-37.

黄玲,杨文平,胡喜巧,等,2016. 水氮互作对冬小麦耗水特性和氮素利用的影响[J]. 水土保持学报,30(2):168-174.

贾绍凤,周长青,燕华云,等,2004. 西北地区水资源可利用量与承载能力估算[J]. 水科学进展,15(6):801-807.

贾树龙,孟春香,唐玉霞,等,1995. 水分胁迫条件下小麦的产量反应及对养分的吸收特征[J]. 土壤通报,26(1):6-8.

姜丽娜,马静丽,方保停,等,2019. 限水减氮对豫北冬小麦产量和植株不同层次器官干物质运转的影响[J]. 作物学报,45(6):957-966.

蒋桂英,魏建军,刘萍,等,2012. 滴灌春小麦生长发育与水分利用效率的研究[J]. 干旱地区农业研究,30(6):50-54,73.

金建新,李株丹,黄建成,等,2022. 宁夏引黄灌区不同灌水处理下春小麦光响应曲线模型研究[J]. 中国农机化报,43(9):182-190.

金修宽,马茂亭,赵同科,等,2018. 测墒补灌和施氮对冬小麦产量及水分、氮素利用效率的影响[J]. 中国农业科学,51(7):117-127.

金修宽,赵同科,2017. 测墒补灌和施氮对冬小麦产量及氮素吸收分配的影响[J]. 水土保持学报,31(2):233-239.

巨晓棠,潘家荣,刘学军,等,2003. 北京郊区冬小麦/夏玉米轮作体系中氮肥去向研究[J]. 植物营养与肥料学报,9(3):264-270.

李彪,孟兆江,段爱旺,等,2018. 调亏灌溉对夏玉米根冠生长关系的调控效应[J]. 干旱地区农业研究,36(5):169-175,186.

李朝苏,汤永禄,吴春,等,2015. 施氮量对四川盆地小麦生长及灌浆的影响[J]. 植物营养与肥料学报,21(4):873-883.

李春燕,封超年,张影,等,2005. 氮肥基追比对弱筋小麦宁麦9号籽粒淀粉合成及相关酶活性的影响[J]. 中国农业科学,6:1120-1125.

李锋瑞,刘七军,李光棣,2008. 水资源管理模式评述与展望[J]. 中国沙漠,28(6):

1174-1179.

李合生, 2000. 植物生理生化实验原理和技术[M]. 北京: 高等教育出版社.

李焕春, 2005. 氮肥品种及施用时期对春小麦产量和品质的影响[D]. 呼和浩特:内蒙古农业大学.

李建民, 王璞, 1999. 灌溉制度对冬小麦耗水及产量的影响[J]. 生态农业研究, 7(4): 23-26.

李理渊, 李俊, 同小娟, 等, 2018. 不同光环境下栓皮栎和刺槐叶片光合光响应模拟[J]. 应用生态学报, 29(7):2295-2306.

李娜娜, 2013. 施氮与灌水对冬小麦土壤水、氮运移及产量的影响[J]. 郑州:河南农业大学.

李世清, 邵明安, 李紫燕, 等,2003. 小麦籽粒灌浆特征及影响因素的研究进展[J]. 西北植物学报, 23(11):2031-2039.

李文阳, 闫素辉, 王振林, 2012. 强筋与弱筋小麦籽粒蛋白质组分与加工品质对灌浆期弱光的响应[J]. 生态学报,32(1):265-273.

李亚静, 2020. 施氮量对强筋小麦产量和蛋白质品质的调控效应及其生理基础[D]. 秦皇岛:河北科技师范学院.

李艳, 2015. 不同施氮水平对喷灌冬小麦-夏玉米农田土壤水氮迁移转化及其利用率影响的研究[D]. 北京:中国农业大学.

李秧秧, 刘文兆, 2001. 土壤水分与氮肥对玉米根系生长的影响[J]. 中国生态农业学报, 9(1): 13-15.

李永宾, 郑丽敏, 廖树华, 等,2005. 北京郊区不同水氮管理模式对冬小麦产量及水分和养分利用效率的影响[J]. 麦类作物学报,2: 51-56.

李永庚, 蒋高明, 杨景成, 2003. 温度对小麦碳氮代谢、产量及品质影响[J]. 植物生态学报, 27(2): 164-169.

李紫燕, 李世清, 李生秀,2008. 铵态氮肥对黄土高原典型土壤氮素激发效应的影响[J]. 植物营养与肥料学报(5):866-873.

梁国鹏, Albert H A, 吴会军, 等,2016. 施氮量对夏玉米根际和非根际土壤酶活性及氮含量的影响[J]. 应用生态学报, 27(6):1917-1924.

刘焕, 2019. 不同施氮水平对冬小麦根系形态参数、光合特性、碳氮代谢酶活性及产量的影响[D]. 郑州:河南农业大学.

刘静, 李凤霞,2003. 灌溉对春小麦蒸腾速率的影响及其生理原因[J]. 麦类作物学报, 23(1):58-62.

刘丽平, 欧阳竹, 武兰芳, 等,2012. 灌溉模式对不同群体小麦光合特性的调控机制[J]. 中国生态农业学报,20(2):189-196.

刘小飞, 费良军, 段爱旺, 等,2019. 调亏灌溉对冬小麦产量和品质及其关系的调控效应[J]. 水土保持学报,33(3):276-282,291.

刘学军, 巨晓棠, 张福锁, 2004. 减量施氮对冬小麦-夏玉米种植体系中氮利用与平衡的影响[J]. 应用生态学报, 15(3): 458-462.

卢锐, 2022. 长期不同水氮管理模式下土壤剖面氮分布特征和氮淋溶风险[D]. 阿拉尔: 塔里木大学.

骆永丽, 2016. 外源6-BA与氮肥互作对不同持绿型小麦花后光能利用的调控[D]. 泰安: 山东农业大学.

雒文鹤, 2021. 减氮节水对关中平原冬小麦产量和水氮利用效率的影响[D]. 杨凌: 西北农林科技大学.

吕广德, 王超, 靳雪梅, 等, 2020. 水氮组合对冬小麦干物质及氮素积累和产量的影响[J]. 应用生态学报, 31(8): 2593-2603.

吕金印, 山仑, 高俊凤, 2002. 水分亏缺对小麦碳同化物的动员与分配[J]. 核农学报, 16(4): 228-231.

吕丽华, 董志强, 张经廷, 等, 2014. 水氮对冬小麦-夏玉米产量及氮利用效应研究[J]. 中国农业科学, 47(19): 3839-3849.

马兴华, 王东, 于振文, 等, 2010. 不同施氮量下灌水量对小麦耗水特性和氮素分配的影响[J]. 生态学报 (8): 1955-1965.

马忠明, 1998. 河西灌区节水灌溉的适宜土壤水分指标研究[J]. 甘肃农业科技(12): 31-32.

米慧聪, 谢双泽, 李跃, 等, 2017. 水分亏缺对小麦灌浆中后期穗部光合特性和14C-同化物转运的影响[J]. 作物学报, 43: 149-154.

穆兴民, 1999. 农田水肥耦合效应与协同管理[M]. 北京: 中国林业出版社.

聂紫瑾, 陈源泉, 张建省, 等, 2013. 黑龙港流域不同滴灌制度下的冬小麦产量和水分利用效率[J]. 作物学报, 39(9): 1687-1692.

宁东峰, 秦安振, 刘战东, 等, 2019. 滴灌施肥下水氮供应对夏玉米产量、硝态氮和水氮利用效率的影响[J]. 灌溉排水学报, 38(9): 28-35.

庞党伟, 陈金, 唐玉海, 等, 2016. 玉米秸秆还田方式和氮肥处理对土壤理化性质及冬小麦产量的影响[J]. 作物学报, 42(11): 1689-1699.

秦欣, 刘克, 周丽丽, 等, 2012. 华北地区冬小麦-夏玉米轮作节水体系周年水分利用特征[J]. 中国农业科学, 45(19): 4014-4024.

任红旭, 陈雄, 孙国钧, 等, 2000. 抗旱性不同的小麦幼苗对水分和 NaCl 胁迫的反应[J]. 应用生态学报(5): 718-722.

赛力汗·赛, 2018. 滴灌量调配对北疆冬小麦耗水特性及产量形成的影响研究[D]. 北京: 中国农业大学.

邵瑞鑫, 2011. 长期施氮对小麦光合特性及土壤呼吸的调控机制[D]. 北京: 中国科学院研究生院(教育部水土保持与生态环境研究中心).

盛钰, 赵成义, 贾宏涛, 2005. 水肥耦合对玉米田间土壤水分运移的影响[J]. 干旱区地理,28(6):811-817.

师筝,2022.氮肥施用量对冬小麦产量形成及氮肥利用生理机制研究[D].杨凌:西北农林科技大学.

司转运,2017.氮对冬小麦-夏棉花产量和水氮利用的影响[D].郑州:中国农业科学院.

孙洪昌,2022.耕作方式与施氮量对小麦-玉米产量和氮素利用的影响[D].泰安:山东农业大学.

孙旭生,林琪,赵长星,等,2009.施氮量对超高产冬小麦灌浆期旗叶光响应曲线的影响[J].生态学报,29(3):1428-1437.

王凤新,冯绍元,黄冠华,1999.喷灌条件下冬小麦水肥耦合效应的田间试验研究[J].灌溉排水学报,18(1):10-13.

王海琪,王荣荣,蒋桂英,等,2023.施氮量对滴灌春小麦叶片光合生理性状的影响[J].作物学报,49(1):211-224.

王慧军,张喜英,2020.华北平原地下水压采区冬小麦种植综合效应探讨[J].中国生态农业学报,28(5):724-733.

王丽,2017.灌水施氮方式对临汾盆地土壤水氮分布与作物吸收利用的影响[D].临汾:山西师范大学.

王林林,陈炜,徐莹,等,2013.氮素营养对小麦干物质积累与转运的影响[J].西北农业学报,22(10):85-89.

王康三,2017.宽垄沟灌条件下节水效应试验研究[D].郑州:华北水利水电大学.

王明东,王志强,2011.灌水对不同追氮水平下夏玉米氮代谢及产量的影响[J].中国农学通报,27(18):197-199.

王维,蔡一霞,张建华,等,2005.适度土壤干旱对贪青小麦茎贮藏碳水化合物向籽粒运转的调节[J].作物学报(3):289-296.

王西娜,王朝辉,李生秀,2007.施氮量对夏季玉米产量及土壤水氮动态的影响[J].生态学报,27(1):197-204.

王小燕,于振文,2008.不同施氮量条件下灌溉量对小麦氮素吸收转运和分配的影响[J].中国农业科学,41(10):3015-3024.

王小燕,于振文,2009.灌水时期和灌水量对小麦氮代谢相关酶活性和籽粒蛋白质品质的影响[J].西北植物学报,29(7):1415-1420.

王小燕,2006.施氮量和土壤水分对小麦碳氮代谢和产量与品质形成的影响[D].泰安:山东农业大学.

王兴亚,周勋波,钟雯雯,等,2017.种植方式和施氮量对冬小麦产量和农田小气候的影响[J].干旱地区农业研究,35(1):14-21.

王月福,姜东,于振文,等,2003.氮素水平对小麦籽粒产量和蛋白质含量的影响及其生理基础[J].中国农业科学,36(5):513-520.

王悦,2021灌水和施氮对华北地区冬小麦-夏玉米产量和水氮利用的影响[D].北京:

北京林业大学.

　　文宏达,刘玉柱,李晓丽,等,2002.水肥耦合与旱地农业持续发展[J].土壤与环境,11(3):315-318.

　　翁玲云,杨晓卡,吕敏娟,等,2018.长期不同施氮量下冬小麦-夏玉米复种系统土壤硝态氮累计和淋洗特征[J].应用生态学报,29(8):2551-2558.

　　巫东堂,李红梅,焦晓燕,等,2001.旱地麦田水肥关系及对产量的影响试验研究[J].农业工程学报,5:39-42.

　　吴祥运,2020.水氮运筹对微喷灌夏玉米生长和水氮利用效率的影响[D].泰安:山东农业大学.

　　武荣,2013.不同水氮处理对冬小麦生长及产量的影响研究[D].杨凌:西北农林科技大学.

　　肖亚奇,杨鹏年,吴彬,等,2018.干旱绿洲区土壤氮素累积及冬灌效应分析[J].节水灌溉(2):71-76,82.

　　肖亚奇,2018.新疆焉耆盆地绿洲灌区地下水硝态氮运移趋势研究[D].乌鲁木齐:新疆农业大学.

　　邢维芹,王林权,骆永明,2002.半干旱地区玉米的水肥空间耦合效应研究[J].农业工程学报,18(6):46-49.

　　徐凤娇,赵广才,田奇卓,等,2012.施氮量对不同品质类型小麦产量和加工品质的影响[J].植物营养与肥料学报,18(2):300-306.

　　徐海,王益权,刘军,2009.半干旱偏湿润地区旱地小麦土壤水肥耦合的时空变异特征[J].干旱地区农业研究,27(2):184-188.

　　徐洪敏,朱琳,刘毅,等,2010.黄土旱塬几种农田水分管理模式下春玉米氮素吸收及分配的差异[J].中国农业科学,43(14):2905-2912.

　　徐明杰,张琳,汪新颖,等,2015.不同管理方式对夏玉米氮素吸收、分配及去向的影响[J].植物营养与肥料学报,21(1):36-45.

　　徐昭,2020.水氮限量对河套灌区玉米光合性能与产量的影响及其作用机制[D].呼和浩特:内蒙古农业大学.

　　薛丽华,赵连佳,陈兴武,等,2018.施氮量对滴灌冬小麦光合特性、产量及氮素利用效率的影响[J].中国农学通报,34(10):11-16.

　　闫鹏,2018.播期、品种、氮肥管理对华北春玉米产量的影响及机理研究[D].北京:中国农业大学.

　　杨峰,2012.植被影响下包气带水分运移规律研究——以毛乌素沙地为例[D].西安:长安大学.

　　杨明达,2021.冬小麦-夏玉米地下滴灌节水增产机理及适宜模式研究[D].郑州:河南农业大学.

　　杨晴,李雁鸣,肖凯,等,2002.不同施氮量对小麦旗叶衰老特性和产量性状的影响[J].

河北农业大学学报,4:20-24.

姚素梅,康跃虎,茹振钢,等,2013.喷灌条件下冬小麦籽粒形成期植株氮代谢研究[J].灌溉排水学报,32(4):99-102.

姚艳荣,贾秀领,马瑞崑,2008.水分运筹对不同冬小麦品种旗叶叶绿素含量的影响[J].华北农学报,23(4):135-139.

尹飞虎,曾胜和,刘瑜,等,2011.滴灌春麦水肥一体化肥效试验研究[J].新疆农业科学,48(12):2299-2303.

于飞,施卫明,2015.近10年中国大陆主要粮食作物氮肥利用率分析[J].土壤学报,52(6):1311-1324.

于庭高,冉辉,邓鑫,等,2020.西北旱区制种玉米干物质与氮分配对水氮胁迫的动态响应及模拟[J].节水灌溉,6:73-80,86.

詹卫华,黄冠华,冯绍元,等,1999.喷灌条件下花生玉米间作的水肥耦合效应[J].中国农业大学学报(4):35-39.

张凤翔,周明耀,徐华平,等,2005.水肥耦合对冬小麦生长和产量的影响[J].水利与建筑工程学报,2:22-24.

张福锁,张卫锋,陈新平,2007.对我国肥料利用率的分析[C]//乌鲁木齐:第二届全国测土配方施肥技术研讨会:10-12.

张福锁,王激清,张卫峰,等,2008.中国主要粮食作物肥料利用率现状与提高途径[J].土壤学报,5:915-924.

张昊,郝春雷,孟繁盛,等,2016.膜下滴灌条件下不同灌水量对玉米产量及土壤水分的影响[J].作物杂志,1:105-109.

张敏,2022.微喷灌水肥一体化对玉米产量和水氮利用效率的影响[D].泰安:山东农业大学.

张树兰,同延安,梁东丽,等,2004.氮肥用量及施用时间对土体中硝态氮移动的影响[J].土壤学报,2:270-277.

张岁岐,周小平,慕自新,等,2009.不同灌溉制度对玉米根系生长及水分利用效率的影响[J].农业工程学报,25(10):1-6.

张伟,李鲁华,吕新,2015.水氮耦合对滴灌春小麦根系时空分布及产量的影响[J].灌溉排水学报,34(11):47-51.

张喜英,2018.华北典型区域农田耗水与节水灌溉研究[J].中国生态农业学报,26(10):1454-1464.

张笑培,周新国,王和洲,等,2021.拔节期水氮处理对冬小麦植株生长及氮肥吸收利用的影响[J].灌溉排水学报,40(10):64-70.

张玉铭,张佳宝,胡春胜,等,2006.华北太行山前平原农田土壤水分动态与氮素的淋溶损失[J].土壤学报,43(1):17-25.

张月霞,杨君林,刘炜,等,2009.秸秆覆盖条件下不同施氮水平冬小麦氮素吸收及土壤硝态氮残留[J]. 干旱地区农业研究,27(2):189-193.

张忠学,刘明,齐智娟,2020. 不同水氮管理模式对玉米地土壤氮素和肥料氮素的影响[J]. 农业机械学报,51(2):284-291.

赵炳梓,徐富安,周刘宗,等,2003. 水肥(N)双因素下的小麦产量及水分利用率[J]. 土壤(2):122-125.

赵财,柴强,殷文,等,2017. 不同灌水水平及一膜两年覆盖对玉米干物质积累与土壤温度的影响[J]. 甘肃农业大学学报,52(1):57-62.

赵广才,何中虎,刘利华,等,2004. 肥水调控对强筋小麦中优9507品质与产量协同提高的研究[J]. 中国农业科学,3:351-356.

赵俊晔,于振文,2006. 高产条件下施氮量对冬小麦氮素吸收分配利用的影响[J]. 作物学报,32(4):484-490.

赵连佳,薛丽华,孙乾坤,等,2016. 不同水氮处理对滴灌冬小麦田耗水特性及水氮利用效率的影响[J]. 麦类作物学报,36(8):1050-1059.

赵荣芳,陈新平,张福锁,2009. 华北地区冬小麦-夏玉米轮作体系的氮素循环与平衡[J]. 土壤学报,46(4):684-697.

郑成岩,于振文,王西芝,等,2009. 灌水量和时期对高产小麦氮素积累、分配和转运及土壤硝态氮含量的影响[J]. 植物营养与肥料学报,15(6):1324-1332.

郑险峰,李紫燕,李世清,2002. 农田浅层土壤氮素空间分布研究[J]. 土壤与环境,4:370-372.

郑志松,王晨阳,牛俊义,等,2011. 水肥耦合对冬小麦籽粒蛋白质及氨基酸含量的影响[J]. 中国生态农业学报,19(4):788-793.

朱娅林,2019. 灌溉方式与施氮量对冬小麦旗叶活性氧代谢及籽粒产量的影响[D]. 新乡:河南师范大学.

邹升,王冀川,陈慧,等,2019. 滴灌水氮运筹对春小麦根冠生长及产量的影响[J]. 江苏农业科学,47(12):129-133.

褚鹏飞,王东,张永丽,等,2009. 灌水时期和灌水量对小麦耗水特性、籽粒产量及蛋白质组分含量的影响[J]. 中国农业科学,42(4):1306-1315.

付秋萍,2013. 黄土高原冬小麦水氮高效利用及优化耦合研究[D]. 杨凌:中国科学院大学(中国科学院教育部水土保持与生态环境研究中心).

高鹭,陈素英,胡春胜,2005. 喷灌条件下冬小麦的水肥利用特征研究[J]. 灌溉排水学报,(5):25-28.

贾殿勇,2013. 不同灌溉模式对冬小麦籽粒产量、水分利用效率和氮素利用效率的影响[D]. 泰安:山东农业大学.

雷媛,2021. 不同灌溉控制下限和计划湿润深度下冬小麦耗水特性及其模拟[D]. 北京:中国农业科学院.

李科江,李保国,胡克林,等,2004. 不同水肥管理对冬小麦灌浆影响的模拟研究[J]. 植物营养与肥料学报,5:449-454.

李秧秧,刘文兆,2001.土壤水分与氮肥对玉米根系生长的影响[J].中国生态农业学报,9(1):13-15.

李正鹏,宋明丹,冯浩,2017.水氮耦合下冬小麦 LAI 与株高的动态特征及其与产量的关系[J].农业工程学报,33(4):195-202.

林祥,2020.微喷补灌水肥一体化调控冬小麦水氮高效利用的生理生态机制[D].杨凌:山东农业大学.

刘新宇,巨晓棠,张丽娟,等,2010.不同施氮水平对冬小麦季化肥氮去向及土壤氮素平衡的影响[J].植物营养与肥料学报,16(2):296-303.

刘凤楼,宋美丽,冯毅,等,2010.施肥量与氮肥基追比对西农 979 产量和品质的效应[J].麦类作物学报,30(3):482-487.

陆军胜,2021.滴灌水肥一体化冬小麦/夏玉米水氮效应及夏玉米氮肥供应决策研究[D].杨凌:西北农林科技大学.

宁芳,张元红,温鹏飞,等,2019.不同降水状况下旱地玉米生长与产量对施氮量的响应[J].作物学报,45(5):777-791.

宋明丹,李正鹏,冯浩,2016.不同水氮水平冬小麦干物质积累特征及产量效应[J].农业工程学报,32(2):119-126.

孙泽强,康跃虎,刘海军,2007.喷灌冬小麦农田土壤 NO_3^-—N 分布特征及作物吸氮规律[J].干旱地区农业研究,25(6):136-143.

闫世程,2020.冬小麦滴灌施肥水肥高效利用机制研究[D].杨凌:西北农林科技大学.

张平良,郭天文,李书田,等,2015.地膜覆盖方式与施肥对春玉米农田土壤水分及产量的影响[J].干旱地区农业研究,33(6):122-127.

张永丽,于振文,郑成岩,等,2009.不同灌水处理对强筋小麦济麦 20 耗水特性和籽粒淀粉组分积累的影响[J].中国农业科学,42(12):4218-4227.

Ali S, Xu Y Y, Jia Q M, et al. ,2018. Interactive effects of planting models with limited irrigation on soil water, temperature, respiration and winter wheat production under simulated rainfall conditions[J]. Agricultural Water Management, 204, 198-211.

Asseng S, Ewert F, Martre P, et al. , 2015. Rising temperatures reduce global wheat production[J]. Nature Climate Change,5(2):143-147.

Bai N, Mi X, Tao Z,2022. China′s nitrogen management of wheat production needs more than high nitrogen use efficiency[J]. European Journal of Agronomy,139.

Baandyopadhyay P K, Mallick S, 2003. Actual evapotranspiration and crop coefficients of wheat (Triticum aestivum) under varying moisture levels of humid tropical canal command area [J]. Agricultural Water Management,59(1):33-47.

Barneix A J, Arnozis P A, Guitman M R,1992. The regulation of nitrogen accumulation in the grain of wheat plants (Triticum aestivum)[J]. Physiologia Plantarum,86(4):609-615.

Bingham I J,Karley A J, White P J,et al. ,2012. Analysis of improvements in nitrogen use efficiency associated with 75 years of spring barley breeding[J]. European Journal of Agronomy, 42: 49-58.

Bouthiba A,Debaeke P,Hamoudi S A,2008. Varietal differences in the response of durum wheat (Triticum turgidum L. var. durum) to irrigation strategies in a semi-arid region of Algeria [J]. Irrigation Science,26:239-251.

Burns I G, 1994. A mechanistic theory for the relationship between growth rate and the concentrat ion of nitrate-N or organic-N in young plants derived from nutrient interruption experiments[J]. Annals of Botany,74(2):159-172.

Burow K R, Nolan B T,Rupert M G,et al. ,2010. Nitrate in groundwater of the United States, 1991—2003[J]. Environmental science & technology,44(13):4988-4997.

Cerd A'A,Franch-Pardo I,Novara A,et al. 2022. Examining the effectiveness of catch crops as a nature-based solution to mitigate surface soil and water losses as an environmental regional concern[J]. Earth Systems and Environment,6:29-44.

Chen X P,Cui Z L,Vitousek P M,et al. ,2011. Integrated soil-crop system management for food security[J]. Proceedings of the National Academy of Sciences,108(16):6399-6404.

Cui Z, Zhang F, Chen X, et al. , 2011. Using in-season nitrogen management and wheat cultivars to improve nitrogen use efficiency[J]. Soil Science Society of America Journal,75(3), 976-983.

Dar E A, Brar A S,Mishra S K,et al. ,2017. Simulating response of wheat to timing and depth of irrigation water in drip irrigation system using CERES-Wheat model [J]. Field Crops Research,214:149-163.

Davidson E A, David M B, Galloway J N, et al. , 2012. Excess nitrogen in the U. S. environment:trends, risks, and solutions[J]. January,(15):1-16.

Ercoli L, Lulli L,Mariotti M,et al. ,2008. Post-anthesis dry matter and nitrogen dynamics in durum wheat as affected by nitrogen supply and soil water availability[J]. European Journal of Agronomy, 28(2):138-147.

Erisman J W,Suttion M A, Galloway J,et al,,2008. How a century of ammonia synthesis changed the world[J]. Nature Geoscience, 1(10):636-639.

Feng W, Shum C K, Zhong M, et al. , 2018. Groundwater storage changes in China from satellite gravity: An overview[J]. Remote Sensing, 10(5):1-25.

Fowler D, Coyle M, Skiba U, et al. , 2013. The global nitrogen cycle in the twenty-first century[J]. Philosophical Transactions of the Royal Society B:Biological Sciences, 368(1621): 164-169.

Gheysari M, Mirlatifi S M, Homaee M,et al. ,2009. Nitrate leaching in a silage maize field under different irrigation and nitrogen fertilizer rates [J]. Agricultural water management, 96

(6): 946-954.

Gu B, Ge Y, Chang S, et al., 2013. Nitrate in groundwater of China: Sources and driving forces[J]. Global Environmental Change,23(5):1112-1121.

Gu B, Ge Y, Ren Y,et al., 2012. Atmospheric reactive nitrogen in China: sources, recent trends, and damage costs[J]. Environmental Science & Technology, 46(17):9420-9427.

Guo J H, Liu X J, Zhang Y, et al., 2010. Significant acidification in major Chinese croplands[J]. Science,327(5968):1008-1010.

Guo Z, Yu Z, Wang D, et al., 2014. Photosynthesis and winter wheat yield responses to supplemental irrigation based on measurement of water content in various soil layers[J]. Field Crops Research,166:102-111.

Jha S K, Ramatshaba T S, Wang G, et al., 2019. Response of growth, yield and water use efficiency of winter wheat to different irrigation methods and scheduling in North China Plain[J]. Agricultural Water Management(217):292-302.

Jia Q, Xu Y, Ali S, et al., 2018. Strategies of supplemental irrigation and modified planting densities to improve the root growth and lodging resistance of maize (*Zea mays* L.) under the ridge-furrow rainfall harvesting system[J]. Field Crops Research, 224:48-59.

Jiang J,Huo Z,Feng S,et al., 2013. Effects of deficit irrigation with saline water on spring wheat growth and yield in arid Northwest China[J]. Journal of Arid Land,5: 143-154.

Kang S, Hao X, Du T,et al., 2017. Improving agricultural water productivity to ensure food security in China under changing environment: From research to practice[J]. Agricultural Water Management, 179: 5-17.

Karam F, Kabalan R, Breidil J, et al., 2009. Yield and water-production functions of two durum wheat cultivars grown under different irrigation and nitrogen regimes[J]. Agricultural water management, 96(4): 603-615.

Karandish F, Shahnazari A, 2016. Soil temperature and maize nitrogen uptake improvement under partial root-zone drying irrigation[J]. Pedosphere,26(6):872-886.

Karlberg L,Rockstr̈om J, Annandale J G,et al.,2007. Low-cost drip irrigation—A suitable technology for southern Africa? An example with tomatoes using saline irrigation water[J]. Agricultural Water Management,89(1):59-70.

Le Gouis J, B'Eghin D, Heumez E,et al.,2000. Genetic differences for nitrogen uptake and nitrogen utilisation efficiencies in winter wheat[J]. European Journal of Agronomy, 12(3): 163-173.

Lewis J D,Olszyk D, Tingey D T,1999. Seasonal patterns of photosynthetic light response in Douglas-fir seedlings subjected to elevated atmospheric CO_2 and temperature [J]. Tree Physiology,19(4-5): 243-252.

Li L, Hong J P,Wang H T,et al.,2012. Effects of nitrogen and irrigation interaction on water consumption characteristics and use efficiency in winter wheat［J］. Journal of Soil and Water Conservation,26(6):291-296.

Li Y,Huang G, Chen Z,et al. ,2022. Effects of irrigation and fertilization on grain yield,water and nitrogen dynamics and their use efficiency of spring wheat farmland in an arid agricultural watershed of Northwest China[J]. Agricultural Water Management, 260:1-14.

Ladha J K,Tirol-Padre A,Reddy C K,et al. ,2016. Global nitrogen budgets in cereals: A 50-year assessment for maize, rice and wheat production systems[J]. Scientific Reports, 6(1): 1-9.

Lloveras J, Lopez A, Ferran J,et al. ,2001. Bread-making wheat and soil nitrate as affected by nitrogen fertilization in irrigated Mediterranean conditions[J]. Agronomy Journal, 93(6): 1183-1190.

Lu X, Hou E, Ggo J,et al. ,2021. Nitrogen addition stimulates soil aggregation and enhances carbon storage in terrestrial ecosystems of China: A meta-analysis[J]. Global Change Biology, 27(12): 2780-2792.

Ma L,Li Y,WU P,et al. ,2019. Effects of varied water regimes on root development and its relations with soil water under wheat/maize intercropping system[J]. Plant and Soil,439(1-2): 113-130.

Ma S C,Wang T C,Guan X K,et al. ,2018. Effect of sowing time and seeding rate on yield components and water use efficiency of winter wheat by regulating the growth redundancy and physiological traits of root and shoot[J]. Field Crops Research, 221:166-174.

Man J, Yu Z, Shi Y,2017. Radiation interception, chlorophyll fluorescence and senescence of flag leaves in winter wheat under supplemental irrigation[J]. Scientific Reports, 7(1): 1-13.

Marino S, Aria M, Basso B, et al. ,2014. Use of soil and vegetation spectroradiometry to investigate crop water use efficiency of a drip irrigated tomato［J］. European Journal of Agronomy,59:67-77.

Massignam A M,Chapman S C,Hammer G L,et al. ,2009. Physiological determinants of maize and sunflower grain yield as affected by nitrogen supply[J]. Field Crop Research. 113: 256-267.

Matthew J, Han D,Chen Z,et al. ,2012. Sustainability of groundwater usage in northern China: dependence on palaeowaters and effects on water quality, quantity and ecosystem health[J]. Hydrological Processes,26: 4050-4066.

Memon S A,Sheikh I A, Talpur M A,et al. ,2021. Impact of deficit irrigation strategies on winter wheat in semi-arid climate of sindh[J]. Agricultural Water Management, 243:106389.

Mohammadi M H, Khataar M, Shekari I F,2017. Effect of soil salinity on the wheat and bean root respiration rate at low matric suctions[J]. Paddy and Water Environment, 15(3): 639-648.

Mon J, Bronson K F, Hunsaker D J,et al. ,2016. Interactive effects of nitrogen fertilization and irrigation on grain yield, canopy temperature, and nitrogen use efficiency in overhead sprinkler-irrigated durum wheat[J]. Field Crops Research, 191: 54-65.

Montemurro F, Convertini G, Ferri D, 2007. Nitrogen application in winter wheat grown in Mediterranean conditions: effects on nitrogen uptake, utilization efficiency, and soil nitrogen deficit[J]. Journal of Plant Nutrition, 30(10): 1681-1703.

Muurinen S, Slafer G A, Peltonen-Sainio P, 2006. Breeding effects on nitrogen use efficiency of spring cereals under northern conditions[J]. Crop Science, 46(2):561-568.

Nangia V, Gowda P H, Mulla D J, 2010. Effects of changes in N-fertilizer management on water quality trends at the watershed scale [J]. Agricultural Water Management, 97(11): 1855-1860.

Oenema O, Brentrup F, Lammel J, et al., 2015. Nitrogen use efficiency (NUE)-an indicator for the utilization of nitrogen in agriculture and food systems[J]. International Fertiliser Society Conference:5-10.

Pang G, Zhang S, Xu Z, 2018. Effect of irrigation with brackish water on photosynthesis characteristics and yield of winter wheat[J]. IOP Conference Series: Earth and Environmental Science,170(5).

Peloung P C, Siddique K H M, 1991. Contribution of stem dry matter to grain yield in wheat cultivars[J]. Functional Plant Biology, 18(1): 53-64.

Pradhan S, Chopra U K, Bandyooadhyay K K, et al., 2013. Effect of water and nitrogen management on water productivity and nitrogen use efficiency of wheat in a semi-arid environment [J]. International Journal of Agriculture and Food Science Technology, 4(7): 727-732.

Qin J, Wang X, Fan X, et al., 2022. Whether increasing maize planting density increases the total water use depends on soil water in the 0—60 cm soil layer in the morth china Plain[J]. Sustainability, 14(10),1-13.

Shao L, Zhang X, Chen S, et al., 2009. Effects of irrigation frequency under limited irrigation on root water uptake, yield and water use efficiency of winter wheat[J]. Irrigation and Drainage: The journal of the International Commission on Irrigation and Drainage, 58(4):393-405.

Shi Y, Yu Z, Man J, et al., 2016. Tillage practices affect dry matter accumulation and grain yield in winter wheat in the north china plain[J]. Soil and Tillage Research, 160:73-81.

Shirazi S M, Yusop Z, Zardari N H, et al., 2014. Effect of irrigation regimes and nitrogen levels on the growth and yield of wheat[J]. Advances in Agriculture,2014:1-6.

Si Z, Zain M, Li S, et al., 2021. Optimizing nitrogen application for drip-irrigated winter wheat using the DSSAT-CERES-Wheat model[J]. Agricultural Water Management, 244: 106592.

Si Z, Zain M, Mehmood F, et al., 2020. Effects of nitrogen application rate and irrigation regime on growth, yield, and water-nitrogen use efficiency of drip-irrigated winter wheat in the North China Plain[J]. Agricultural Water Management,231:106002.

Sinclair T R, Pinter JR P J, Kimball B A, et al. , 2000. Leaf nitrogen concentration of wheat subjected to elevated [CO$_2$] and either water or N deficits [J] . Agriculture, Ecosystems and Environment, 79(1): 53-60.

Sing G, Setter T L, Singh M K, et al. , 2018. Number of tillers in wheat is an easily measurable index of genotype tolerance to saline waterlogged soils: evidence from 10 large-scale field trials in India[J]. Crop and Pasture Science, 69(6): 561-573.

Sun M, Ren A X, Gao Z Q, et al. , 2018. Long-term evaluation of tillage methods in fallow season for soil water storage, wheat yield and water use efficiency in semiarid southeast of the Loess Plateau[J]. Field Crops Research. 218:24-32.

Wang B, Zhang Y, Hao B, et al. , 2016. Grain yield and water use efficiency in extremely-late sown winter wheat cultivars under two irrigation regimes in the North China Plain [J]. PLoS One, 11(4):1-14.

Wang H, Wu L, Cheng M, et al. , 2018. Coupling effects of water and fertilizer on yield, water and fertilizer use efficiency of drip-fertigated cotton in northern Xinjiang, China[J]. Field Crops Research. 219:169-179.

Wang H, Zhang Y, Chen A, et al. , 2017. An optimal regional nitrogen application threshold for wheat in the North China Plain considering yield and environmental effects[J]. Field Crops Research, 207: 52-61.

Wang J, Gong S, Xu D, et al. , 2013. Impact of drip and level-basin irrigation on growth and yield of winter wheat in the North China Plain[J]. Irrigation science, 31(5): 1025-1037.

Wang J, Xie J, Li L, et al. , 2022. Nitrogen application increases soil microbial carbon fixation and maize productivity on the semiarid Loess Plateau[J]. Plant and Soil, 488(1-2):9-22.

Wang X, Huang G, Yang J, et al. , 2015. An assessment of irrigation practices: Sprinkler irrigation of winter wheat in the North China Plain[J]. Agricultural Water Management, 159: 197-208.

Wang X, Yu Z, 2009. Activities of enzymes related to nitrogenous metabolism and grain quality in wheat with different irrigation stage and rate[J]. Acta Botanica Boreali-Occidentalia Sinica, 29(7): 1415-1420.

Wu X, Cai X, Li Q, et al. , 2021. Effects of nitrogen application rate on summer maize (*Zea mays* L.) yield and water-nitrogen use efficiency under micro-sprinkling irrigation in the Huang-Huai-Hai Plain of China [J] . Archives of Agronomy and Soil Science, 68 (14): 1915-1929.

Xu C, Tao H, Tian B, et al. , 2016. Limited-irrigation improves water use efficiency and soil reservoir capacity through regulating root and canopy growth of winter wheat [J] . Field Crops Research, 196: 268-275.

Xu X, Znang M, Li J, et al. , 2018. Improving water use efficiency and grain yield of winter wheat by optimizing irrigations in the North China Plain [J]. Field Crops Research, 221: 219-227.

Xue Q, Zhu Z, Musick J T, et al., 2006. Physiological mechanisms contributing to the increased water-use efficiency in winter wheat under deficit irrigation[J]. Journal of plant physiology, 163(2): 154-164.

Yang D Q, Dong W H, Luo Y L, et al., 2018. Effects of nitrogen application and supplemental irrigation on canopy temperature and photosynthetic characteristics in winter wheat [J]. The Journal of Agricultural Science, 156(1): 13-23.

Yang X, Lu Y, Ding Y, et al., 2017. Optimising nitrogen fertilisation: a key to improving nitrogen-use efficiency and minimising nitrate leaching losses in an intensive wheat/maize rotation (2008-2014)[J]. Field Crops Research, 206: 1-10.

Yang X, Lu Y, Tong Y A, et al., 2015. A 5-year lysimeter monitoring of nitrate leaching from wheat maize rotation system: Comparison between optimum N fertilization and conventional farmer N fertilization[J]. Agriculture, Ecosystems & Environment, 199: 34-42.

Ye T, Ma J, Zhang P, et al., 2022. Interaction effects of irrigation and nitrogen on the coordination between crop water productivity and nitrogen use efficiency in wheat production on the North China Plain[J]. Agricultural Water Management, 271: 107787.

Ye Y, Liang X, Chen Y, et al., 2013. Alternate wetting and drying irrigation and controlled-release nitrogen fertilizer in late-season rice. Effects on dry matter accumulation, yield, water and nitrogen use[J]. Field Crops Research, 144: 212-224.

Ye Z P, 2007. A new model for relationship between irradiance and the rate of photosynthesis in Oryza sativa[J]. Photosynthetica, 45(4): 637-640.

Yu C Q, Huang X, Chen H, et al., 2019. Managing nitrogen to restore water quality in China[J]. Nature, 567: 516-520.

Zhang D B, Zhang C, Ren H L, et al., 2021. Trade-offs between winter wheat production and soil water consumption via leguminous green manures in the Loess Plateau of China[J]. Field Crops Research, 272: 108278.

Zhang X, Chen S, Sun H, et al., 2011. Changes in evapotranspiration over irrigated winter wheat and maize in North China Plain over three decades[J]. Agricultural Water Management. 98: 1097-1104.

Zivcak M, Brestic M, Botyanszka L, et al., 2019. Phenotyping of isogenic chlorophyll-less bread and durum wheat mutant lines in relation to photoprotection and photosynthetic capacity [J]. Photosynthesis research, 139(1): 239-251.

Gao S, Xu P, Zhou F, et al., 2016. Quantifying nitrogen leaching response to fertilizer additions in China's cropland[J]. Environmental Pollution, 211, 241-251.

Gu B J, Ju X T, Chang J, et al., 2015. Integrated reactive nitrogen budgets and future trends in China ［J］. Proceedings of the National Academy of Sciences of the United States of America,112,8792-8797.

Gyanendra S,Setter T L, Kumar S M. Number of tillers in wheat is an easily measurable index of genotype tolerance to saline waterlogged soils: evidence from 10 large-scale field trials in India ［J］. Crop and Pasture Science, 2018, 69(6):561.

Millar N, Urrea A, Kahmark K, et al. , Nitrous oxide (N$_2$O) flux responds exponentially to nitrogen fertilizer in irrigated wheat in the Yaqui Valley, Mexico［J］. Agriculture Ecosystems and Environment, 2018, 261:125-132.

Yu X, Xu Z H, Pang G B, et al. , Effect of irrigation with brackish water on photosynthesis characteristics and yield of winter wheat［J］. IOP Conference Series Earth and Environmental Science, 2018, 170:1-5.